巍山县红雪梨精细化农业气候区划与丰产技术

张如伟　主编

气象出版社
China Meteorological Press

图书在版编目(CIP)数据

魏山县红雪梨精细化农业气候区划与丰产技术 / 张如伟主编. — 北京 : 气象出版社，2019.9

ISBN 978-7-5029-6925-7

Ⅰ.①巍… Ⅱ.①张… Ⅲ.①农业气象-气候区划-影响-梨-果树园艺-巍山彝族回族自治县 Ⅳ.①S661.2

中国版本图书馆 CIP 数据核字(2019)第 201745 号

出版发行：气象出版社

地　　址：北京市海淀区中关村南大街 46 号　　**邮政编码**：100081

电　　话：010-68407112(总编室)　010-68408042(发行部)

网　　址：http://www.qxcbs.com　　**E-mail**：qxcbs@cma.gov.cn

责任编辑：周　露　栗文瀚　　**终　　审**：吴晓鹏

责任校对：王丽梅　　**责任技编**：赵相宁

封面设计：博雅思企划

印　　刷：北京建宏印刷有限公司

开　　本：710 mm×1000 mm　1/16　　**印　　张**：4.5

字　　数：70 千字

版　　次：2019 年 9 月第 1 版　　**印　　次**：2019 年 9 月第 1 次印刷

定　　价：30.00 元

《巍山县红雪梨精细化农业气候区划与丰产技术》
编委会

主　编：张如伟

参　编：朱碧文　严培君　张飞鸿　邱发斌

谢时杨　段学智　包正晴　王明锦

前　言

巍山红雪梨是野生驯化栽培形成的优良地方品种，起源于五印乡、马鞍山乡等地，距今已有一千多年的历史，巍山彝族回族自治县《县志》、《农业志》、《林业志》和《年鉴》等历史文献均有记载。巍山红雪梨的成熟采摘期适逢农历冬月，原名“冬雪梨”。为纪念上世纪八十年代徒步开展巍山梨资源考察的科技工作者，巍山县人民政府更名为“红雪梨”。

为弄清农业气候条件对巍山红雪梨及其种植适宜性的影响，按照气候学基本原理，使用标准时段的气候资料和地理信息基础数据：经纬度、海拔高度、坡向和坡度等，通过数理统计分析方法，建立农业气候要素的统计模拟模型；基于GIS平台，应用农业气候要素空间分布拟合模型，实现细网格化农业气候要素空间分布的拟合分析。

巍山县境内地形复杂，气候类型多样，针对优质红雪梨作物，分别制作所属各乡镇的农业气候区划细划专题图件，分析巍山县农业气候资源空间分布特征及其对红雪梨生态适宜性的影响，结合当地社会经济条件和农业生产发展水平等因素对巍山县农业气候资源可持续发展能力进行综合性评价，为巍山县优质红雪梨种植生产提供参考依据。

编　者

2019年9月

目 录

1 巍山县概况

1.1 地理位置

巍山彝族回族自治县（简称巍山县）位于云南省西部，大理白族自治州南端，地理坐标介于北纬 24°56′～25°32′，东经 99°55′～100°25′，东西跨 30′经度，宽约 47 km，南北跨 36′经度，长约 65 km。全县土地面积 2200 km^2，合 330 万亩[①]。其中坝区面积 148 km^2，占总面积的 6.73%；山区面积 2052 km^2，占总面积的 93.27%。辖 4 镇 6 乡，有 4 个社区、79 个村委会，1091 个自然村，1359 个村民小组。境内山地、河谷、盆地相间分布，地势自西北至东南倾斜和降低，西部为高山峡谷，东部为高山，中间为坝区。山地最高海拔 3037 m，河谷最低海拔 1146 m，盆地平均海拔 1725 m。县境北面与大理市相连；东面与弥渡县毗邻；南面与南涧县接壤，与凤庆县以黑惠江为界；西面与漾濞县、昌宁县以漾濞江为界。

1.2 地形概貌

巍山地形由北向南，由东向西倾斜。北部有横断山脉云岭向东南延伸的点苍山，平均海拔高度在 3700 m 以上，中和峰最高海拔高度为 4200 m。哀牢山和无量山自北部的定西岭三台坡起脉后，绵延盆地东西

① 1 亩≈666.7 m^2；历年值是指 1981—2010 年资料的多年平均值；极端值是指建站以来 1957—2018 年资料的极端值。

两侧向南延伸，巍山坝子相间于东西山分布。盆地东侧向南延伸的哀牢山脉称东山，平均海拔高度 2700 m，最高海拔高度 3037 m。东部有松树山、打雀山、一把伞、纱帽山等，海拔高度均在 2700 m 以上。横断山脉云岭余脉向盆地西侧延伸的无量山脉称西山，是澜沧江和红河水系的分水岭。西部有紫金山、大笔架山，海拔高度分别为 2963 m 和 2934 m，其次有石磺山、观音山、洋芋山、见宝山、小鸡足、老虎烧香山等，海拔高度在 2500 m以上，平均海拔高度 2000 m(图 1)。

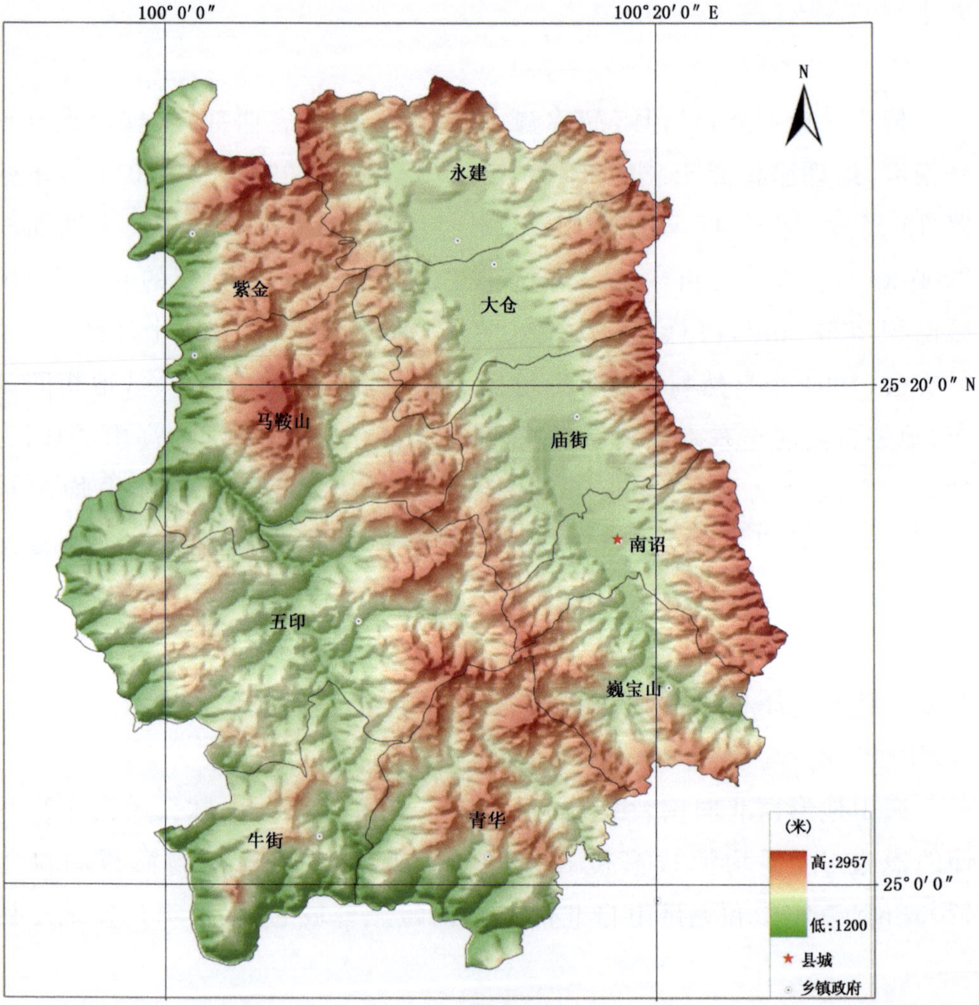

图 1 巍山县海拔高度区划

1.3 水文特征

巍山河流分属红河和澜沧江两大水系，以域内西部山脉为分水岭，山脉以西的漾濞江流域属澜沧江水系，山脉以东的西河流域属红河水系。境内主要河流有西河、漾濞江和乐秋河。西河为红河上游元江的主源流，位于巍山坝子西侧，河长约 69 km，河宽 20～100 m，年径流量 2.11 亿 m^3。西河是坝区农业灌溉的主水源，汇入西河的东西支流有 40 条，多为季节性河，冬春干枯，夏秋暴涨，天晴水干；漾濞江为澜沧江的主要支流，上段称黑惠江，河长约 119 km，河宽 50～100 m，年径流量 6 亿 m^3。河水流量丰富，但是河床深切，枯季落差达 8 m，山高水低利用率低；乐秋河发源于青华乡民强村委会小鸡足山麓，河长约 40 km，河宽 5～10 m，是青华乡的主要灌溉河道。

1.4 气候概况

巍山气候属北亚热带高原季风气候。域内山势磅礴，峻岭逶迤，山地、河谷、盆地相间分布，形成了水平分布复杂、垂直分带明显的立体气候特征。气候特点表现为：夏无酷暑，冬无严寒，四季如春，越冬条件好；雨热同季，干冷同季，夏秋多雨，冬春多旱；春早春暖，秋早秋凉，日照充足，量多质好。历年平均气温 15.9℃，无霜期 246 天，年较差 13.8℃。历年极端最低气温－4.6℃，极端最高气温 34.3℃。历年平均降水量 815.5 mm，雨季开始偏晚。历年平均日照时数 2232.1 小时，年日照百分率 50%，年太阳辐射总量约 5892 MJ，冬半年多于夏半年。盛行风多为西南风和东南风，最大风速 20.3 m/s。

2

巍山县红雪梨产业、生态及气象灾害概况

2.1 巍山县红雪梨产业发展概况

红雪梨是巍山县农业产业发展规划“1＋3＋N”模式的主导产业之一。截至2018年，全县种植面积近8万亩，投产4万亩，产量达8万吨，总产值超过1.75亿元。农民就近务工增收明显。马鞍山乡种植面积2.93万亩，其中，盛果树1.4万亩，初果树0.6万亩，幼树0.93万亩。鲜果总产量达5万吨，产值突破5000万元。巍山红雪梨已获得国家多项荣誉，包括国家工商总局地理标识证明商标和农业部农产品地理标志登记证书，2015年国家优质农特产品，有机基地和有机食品认证。“曾毅秀岭”、“彝韵雪果”、“振巍”获得国家工商总局商标注册。2017年“曾毅秀岭”被认定为“云南名牌农产品”。马鞍山乡三胜村万亩连片种植区既是全县梨产业绿色发展的核心示范区，又是农业部第五批全国一村一品示范村镇。2017年三胜村委会朝阳村的红雪梨产销合作社获得中国绿色食品发展中心绿色食品A级产品认证，其种植面积达8000多亩，户均年收入突破8万元。

巍山红雪梨产业发展已列入《巍山县“十三五”现代农业发展规划》和《巍山县高原特色农业发展规划》。为实现“到2020年建成10万亩红雪梨基地”目标，巍山县以提质增效和规模扩展为重点，遵循生态优先和绿色发展的新理念，通过品牌创建、科技示范、标准园建设、乡村旅游开发等方式，推动城乡融合、产业融合、产村融合、产旅融合，打造出有优势、有影

响、有竞争力的绿色品牌。通过举办"中国大理巍山小吃节"、"大理巍山·马鞍山梨花节"、"巍山红雪梨产业发展研讨会"、"巍山红雪梨购销签约"和参加"国际农业博览会"、"云品出滇"、"云品入沪"、电商农超对接，以及在"CCTV—探索发现"《品质》栏目和爱奇艺、优酷、腾讯、百度等平台同步播出《千年古城·醉美梨乡》记录片等方式，内增产品竞争力、外强产业合作力，巍山红雪梨已成为马鞍山乡"一乡一业"主导产业，巍山县已发展成为"中国红雪梨之乡"。

为全面推进乡村振兴战略，云南省实施了一村一品，一乡一业计划，巍山县依托自然资源优势，按照市场主导、政府引导、创新驱动、协调发展的理念，以打造有机、绿色品牌为目标，依照"大产业＋新主体＋新平台"和"科研＋种养殖＋加工＋流通"的发展思路，推广"党支部＋龙头企业＋合作社＋基地＋种植户"的发展模式，发挥龙头企业效益支撑和示范带动作用，引导和扶持农户发展以红雪梨为主的林果业，全面推进红雪梨产业快速发展。为打造云南省梨文化休闲旅游目的地、大理州彝族传统文化传承保护示范基地，通过优化农业科技园布局，突出核心区的气候优势，推进产业化经营，加强品牌化建设，注重农村新型经营主体的培育，拓宽电商平台渠道，推动乡村旅游开发，推进配套服务设施建设，延伸产业链，平台外再造平台等措施，相继开发出梨膏、梨醋、茶点、糖果等产品，"董梅娘"牌梨膏进入天猫、淘宝和京东等网络销售平台。

2.2 巍山县红雪梨生态环境

红雪梨树属多年生蔷薇科果树，具有喜阳耐旱、抗逆性好、抗病性强的特点。红雪梨在巍山县有二百多年的栽培历史，早在上世纪八十年代，巍山县的红雪梨就远近闻名。据考证五印乡新家村有一株"红雪梨"树王，生长海拔高度 2400 m，至今已有两百多年树龄。巍山红雪梨适种区的海拔高度为 1600～2400 m，丰产区的海拔高度为 1800～2200 m，独特的气候和环境优势，孕育出优良的高原红雪梨。巍山红雪梨种植区分布于全县十个乡镇，产地环境按照《NY5013—2006 无公害食品 林果类产品产地环境条件》执行，产品质量符合《GB/T 10650—2008 鲜梨》产品标准。其中，马鞍山乡、五印乡、巍宝山乡、紫金乡、南诏镇、庙街镇、大仓镇和永建镇是地理标志产品重点保护区域。2018 年巍山县已建成马鞍山乡为主产区的近八万亩高原特色红雪梨基地。红雪梨是一种晚熟优质水果，具有晚熟丰产、果大清香、皮薄多汁、色泽鲜明、果皮鲜艳、核小化渣、酸甜适度和方便储运等优点。研究发现，巍山红雪梨营养丰富，富含十多种氨基酸，维生素 C 含量居梨族之首，具有生津、止咳、润肺、化痰等药用价值，被誉为水果中的粗粮。园田小气候条件对红雪梨品质影响很大，马鞍山乡三胜村、紫金乡新建村、五印乡龙街村产的梨品质最优、口感最好。

2.3 巍山县气象灾害情况

巍山县地形地貌复杂，海拔高度差异大，山区分布范围广，降水空间分布不均，气象灾害发生频繁。据统计每年气象灾害造成的损失占各种自然灾害损失的 80%以上，严重制约巍山县经济和社会的发展。全县的农业气象灾害主要是干旱，其次是霜冻和低温冷害，再次是洪涝、冰雹、大风等自然灾害。

2.3.1 干旱灾害情况

干旱是指一个地区长期无雨或缺水，土壤水分不能满足农作物生长发育的需要，导致农业减产或失收的一种农业气象灾害。按干旱成因可分为土壤干旱和大气干旱两大类。土壤干旱，是土壤水分亏缺引起植株水分平衡失调现象。园田土壤湿度过低，会形成土壤干旱，影响光合干物质积累，易使梨树提前落叶，越早发生对产量和质量影响越大。大气干旱，是由于高温低湿而引起植物水分平衡的破坏。按干旱发生季节可分为“冬旱、春旱、初夏旱、夏旱和秋旱”。巍山县的冬春干旱和初夏干旱频繁，对果园排灌影响很大。春旱和初夏旱发生在梨树坐果及果实膨大，易使根系活动、叶片生长及果实发育受阻。

(1)春旱指标及出现年份

立春时节以后，气温逐渐回暖，土壤温度上升，日照时数充足，光合效率增强，树体株高叶茂，叶面蒸腾加剧，生理需水增多，灌水条件不足，易形成春旱。潮湿情况下，土壤的比热较空气大，冬(春)季降(升)温慢。一般在 2 至 4 月总雨量小于 45 mm，就认为出现春旱。近 60 年来，巍山县出现春旱的年份有 1958、1960、1963、1964、1966、1969、1971、1973、1975、1977、1978、1980、1984、1995、1999、2001、2002、2011、2012、2013、2014，共出现 21 年，发生概率为 35%。

(2)初夏旱指标及出现年份

巍山县雨季一般在五月底六月初开始(表 2.1)，如果在 6 月 10 日以后开始，或 5 月至 6 月降水量小于 110 mm，或 6 月降水量小于 60 mm，只要出现其中一项条件就认为出现初夏旱。近 60 年来，巍山县出现初夏旱的年份有 1957、1959、1960、1969、1972、1977、1986、1987、1988、1992、2005、2007、2010、2013、2015，共出现 15 年，出现几率为 25%。尤以 2010 年突出，适逢历史罕见的秋、冬、春、初夏连旱，对梨园排灌管理造成了重大影响。

表 2.1 巍山县雨季开始期及 5—6 月雨量情况表

雨季开始期			5 月雨量(mm)			6 月雨量(mm)		
平均	最早	最晚	平均	最少	最多	平均	最少	最多
5 月 30 日	4 月 30 日	6 月 30 日	61	0.4	182	121	14	287

(3)夏旱指标及出现年份

7、8 月份是树体处于生长旺盛生理需水最多的时期。此间降水量的多年平均值为 301.8 mm，最大值 489.9 mm，最小值 139.6 mm。7 至 8 月总雨量小于 200 mm 或其中一月雨量小于 70 mm，只要满足一项就是出现夏旱。夏旱对树体的果实膨大和花芽分化影响极大。有记录以来，巍山县出现夏旱的年份有1957、1965、1981、1982、1987、1989、2006、2011年，共8年，发生概率为13%。一般地，巍山县夏旱发生概率较低，少数年份出现降水特少、持续干旱情况。

2.3.2 暴雨灾害情况

暴雨是影响农业生产的气象灾害之一。巍山县地处哀牢山脉与横断山脉结合部，地质环境复杂，地形、海拔悬殊，地势西北高东南低，季风气候明显，干湿分明。夏半年(5—10月)大雨、暴雨较多，降水量集中，占全年降水的83.7%。其中，主汛期(6—8月)的降水占全年降水的51.6%。降水和地形是导致暴雨灾害的原因。每年雨季由于区域降水集中，易形成突发性、暴涨暴落的地表径流，引起山洪、泥石流等次生灾害。巍山县大部小河流分布在山区，流域面积小，河道比降大，具有陡涨陡落特点。受河道调蓄制约，一遇暴雨水位上涨，严重影响低洼地带的农田、道路及居民点。巍山县夏季洪涝发生频率7%，秋季洪涝发生频率为11%，暴雨洪涝灾害具有秋多于夏的特点。

(1)暴雨洪涝灾害划分标准

一般地，取F为旱涝指数；R为降水量；$\bar{R}$为多年平均降水量。采用降水距平百分率作为划分旱涝标准。即$F = R/\bar{R} \times 100\%$。7—8月降水距平百分率$F>150\%$或总雨量大于480 mm即出现夏涝。9—10月降水距平百分率$F>150\%$或总雨量大于260 mm即出现秋涝。巍山县暴雨持续时间短，河水涨幅大、洪峰高。暴雨危害程度低于北部的鹤庆、洱源和大理等地区。

(2)暴雨洪涝灾害的表现特征

一是季节性突出。主汛期7—9月是形成暴雨致灾的关键期。二是区域性明显。山区坡度大且植被覆盖率低，暴雨诱发的洪涝快而急，造成的损失较严重。三是破坏性强。山沟和溪流密集带，山高坡陡，河水汇流快，易使水位猛涨，造成道路中断、耕地毁损。

(3)防御暴雨洪涝灾害的措施

加强大雨、暴雨、连阴雨天气监测预报工作；兴修水利，深挖河床、治理河道、加固堤岸、清沟排涝；河岸植树造林，提高森林覆盖率，减少水土流失；设立乡镇信息工作站配备气象信息员和地质灾害监测员；加强群测群防体系建设；科技服务下乡宣传防灾减灾知识。

3

技术方法

3.1 技术路线

利用地面调查资料、农业气候区划及作物物候观测等研究成果，运用水文学、生态学和气象学等学科理论建立气候要素推算模型，基于 GIS 技术研究气候要素的空间分布情况，以期提高巍山县农业气候资源区划和气象灾害风险区划的精细化水平，其技术路线见图 3.1 和图 3.2。

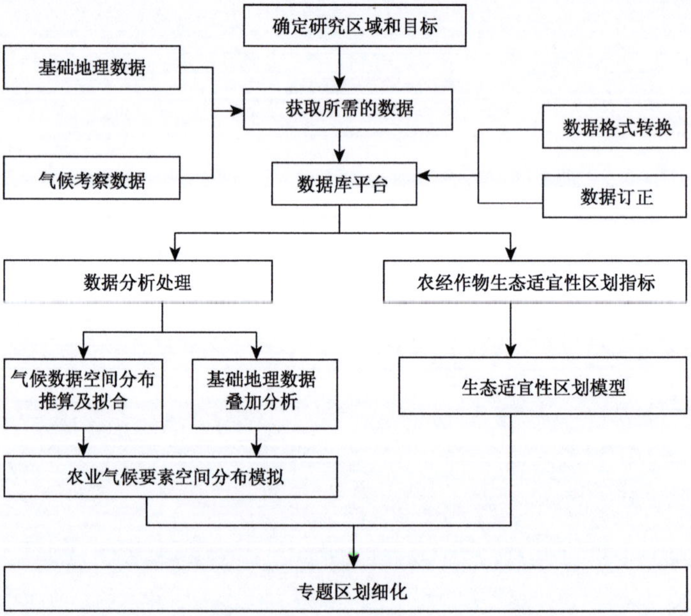

图 3.1　巍山县农业气候资源区划细化技术路线

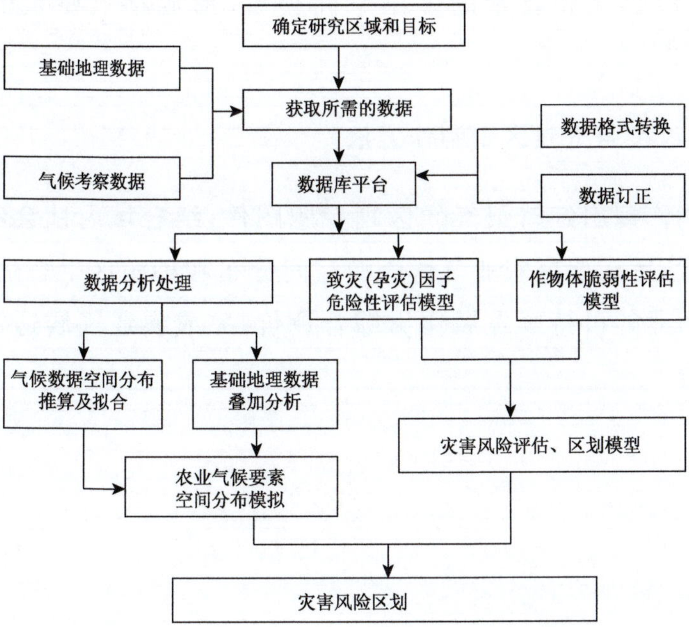

图 3.2 巍山县农业气象灾害风险区划技术路线

3.2 关键技术

3.2.1 基于 GIS 技术的巍山县高分辨率气候要素空间分布精细化模拟

为研究巍山气候对农经作物的生长适宜性的影响，根据气候学原理，运用标准时段气候资料和地理信息基础数据(经纬度、海拔高度、坡向和坡度)，通过数理统计分析方法，建立农业气候要素的统计模拟模型；应用 GIS 技术和农业气候要素空间分布拟合模型，实现细网格化农业气候要素空间分布的拟合分析，最后依据确定的评价指标进行巍山县红雪梨树种植气候精细化区划。一般地，首先是气候要素插值处理、订正海拔高度；其次是建立回归方程，并做显著性检验；然后运用反距离权重插值法做水平订正；最后根据气候要素和 1：25 万地理数据，输出间隔 1 km 的格点数据，构建气候要素的多维空间模型，形成格点要素的空间样本点集。

3.2.2 专题农业气候区划制作方法

通过制作巍山红雪梨气候区划专题图件，结合域内社会经济和农业生产等因素，旨在研究农业气候资源空间分布和种植区生态适宜性分析，对红雪梨产业的可持续发展作出综合评价，完成农业气候适宜性区划的精细化报告。

4 数据来源

4.1 数据收集

(1)**基础地理数据。**基础地理数据是空间型的基础数据集,它是将国家基本比例尺地形图上各类要素包括水系、境界、交通、居民地、地形、土地利用等按照一定的规则分层、按照标准分类编码,对各要素的空间位置、属性信息及相互间空间关系等数据进行采集、编辑和处理建成的数据集。根据国家基础地理信息系统总体设计,国家级地形数据集的比例尺分为1∶100万、1∶25万和1∶5万三级,省级地形数据集的比例尺分为1∶25万、1∶5万和1∶1万三级。本书中所使用的基础地理数据为中国气象局统一下发的1∶25万基础地理信息数据,数据包括矢量型的地形要素数据和栅格型的数字高程模型数据(DEM)。主要包括巍山县1∶25万县、乡行政边界、水系、铁路、公路、居民点等。

(2)**气象水文资料。**地面气象数据及气候考察数据来自巍山县气象局和云南省气象局,地面气象数据包括巍山县及周边的15个气象观测站30年(1981—2010年)的逐月地面观测资料,包括平均气温、极端最低气温、日照时数、降水量、相对湿度、总云量和低云量等。

(3)**林业生产资料。**巍山县主要粮经作物历年种植面积、产量及品质状况。

(4)**灾情统计资料。**主要包括1981—2010年巍山县受灾情况的统计资料。

4.2 数据处理

4.2.1 基础地理数据处理

主要涉及地理数据格式转换、数据拼接、裁剪、融合、坡度、坡向计算等资料整理工作。

拼接：通过系统的拼接功能，将一个数据集中相邻的数据拼接为一个完整的目标数据。

裁剪：通过系统的裁剪功能，从整个数据集中裁剪出部分区域，以便获得所需要的研究区域相关数据信息。

坡度的提取：坡度(slope)是表征地表单元陡缓的程度(图 4.1)，通常表示方法有百分比法、度数法两种。

坡度百分比＝(上升变化值/前行变化值)×100%

$\tan\theta$ ＝上升变化值/前行变化值

式中 θ 为坡度度数。

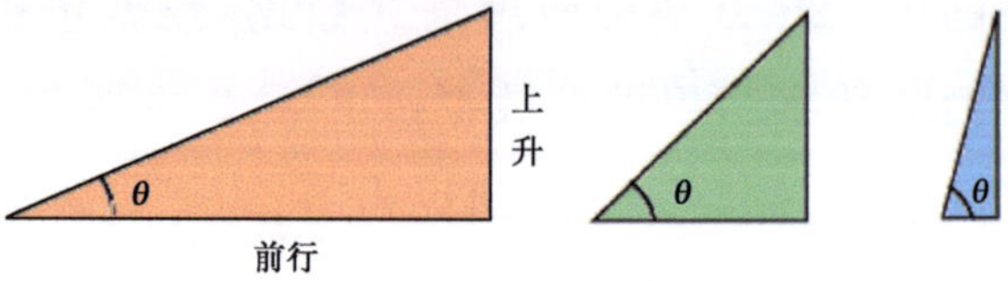

图 4.1 坡度与坡比

坡向：指地表面上一点的切平面法线矢量在水平面上的投影与过该点的正北方向的夹角。在本书中规定正北方向为 0°，按顺时针方向计算，取值范围为 0～360°(图 4.2)。

山影：即山体阴影。是根据假想的照明光源对高程栅格图的每个栅格单元计算照明值。山体阴影可以很好地表达地形的立体形态，且可以方便提取地形遮蔽信息。计算过程包括三个重要参数：太阳方位角、太阳

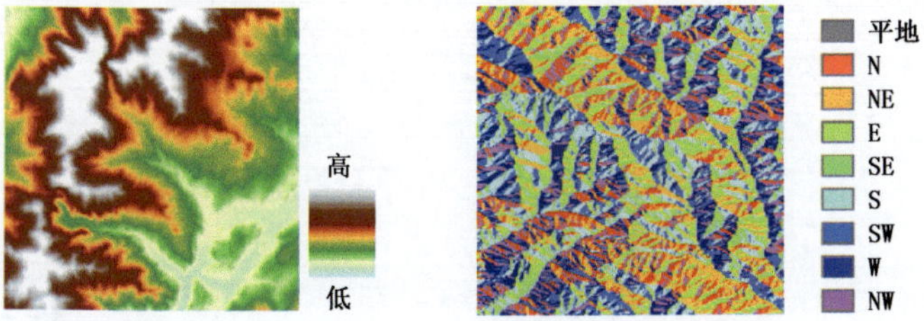

图 4.2　通过 DEM 提取的地表坡向

高度角和表面灰度值。

山脊线：山顶点的联线称为山脊线，山脊线具有分水线的特征。

山谷线：谷底点的联线称为山谷线，山谷线具有汇水线的特征。

4.2.2　气象、经济等数据处理

为了消除指标之间的量纲差异，对每项指标进行归一化处理：

$$x_i = (x_i - x_{i,\max})/(x_{i,\max} - x_{i,\min})$$

式中($x_{i,\min}$)和($x_{i,\max}$)分别为某指标的最小值和最大值。

5

区划指标

5.1 巍山县红雪梨种植气候适宜性区划指标

红雪梨树，蔷薇科梨属落叶乔木，为中国砂梨品种。以南方梨的标准衡量，树势强健，抗逆性强，适应性广，山地、盆坝及丘陵均可种植，耐寒、耐旱涝和耐盐碱。巍山县特色优质红雪梨种植气候适宜性区划指标见表5.1。

表5.1 巍山县特色优质红雪梨种植气候适宜性区划指标

项目＼类型	最适宜区	适宜区	次适宜区	不适宜区
年平均气温(℃)	11.8～16.8	16.8～19.9	9.3～11.8	8.0～9.3
1月平均气温(℃)	5.3～9.3	9.3～12.5	3.2～5.3	2.2～3.2
6—8月平均最低气温(℃)	13.5～19.0	19.0～22.3	10.8～13.5	9.4～10.8
年降水量(mm)	840～1250	810～840	1250～1460	1460～1560
海拔高度(m)	1600～2400	1100～1600	2400～2800	2800～3000
≥0℃积温	4300～6100	6100～7200	3500～4300	3000～3500
≥10℃积温	3200～5400	5400～6800	2300～3200	1900～2300
年日照时数(h)	2000～2400	1800～2000	1600～1800	1400～1600
日平均气温≤7℃天数(d)	40～50	30～40	20～30	10～20
6—8月相对湿度%	65%～75%	55%～65%	0～55%	＞75%
土壤pH	6.5～7.5	5.5～6.5	7.5～8.5	＜5.5或＞8.5
休眠期12月上旬至2月中旬平均气温(℃)	4.9～9.9	9.9～13.0	2.4～4.9	1.1～2.4
萌芽期2月下旬至3月上旬平均气温(℃)	7.6～12.6	12.6～15.7	5.1～7.6	3.8～5.1

续表

项目 \ 类型	最适宜区	适宜区	次适宜区	不适宜区
开花期3月中旬至4月上旬平均气温(℃)	10.6～15.6	15.6～18.7	8.1～10.6	6.8～8.1
坐果期4月中旬至5月中旬平均气温(℃)	14.4～19.4	19.4～22.5	11.9～14.4	10.6～11.9
膨大期5月下旬至9月上旬平均气温(℃)	17.0～22.0	22.0～25.0	14.5～17.0	13.2～14.5
着色期9月中旬至10月上旬平均气温(℃)	14.7～19.7	19.7～22.8	12.2～14.7	10.9～12.2
成熟期10月中旬至11月下旬平均气温(℃)	10.0～15.0	15.0～18.1	7.5～10.0	6.2～7.5
休眠期12月上旬至2月中旬降水量(mm)	40～80	30～40	80～100	100～110
萌芽期2月下旬至3月上旬降水量(mm)	14～25	10～14	25～45	45～55
开花期3月中旬至4月上旬降水量(mm)	20～40	10～20	40～60	60～70
坐果期4月中旬至5月中旬降水量(mm)	45～80	35～45	80～100	100～110
膨大期5月下旬至9月上旬降水量(mm)	500～1000	400～500	800～1000	1000～1200
着色期9月中旬至10月上旬降水量(mm)	95～180	75～95	180～200	200～220
成熟期10月中旬至11月下旬降水量(mm)	85～160	65～85	160～180	180～200

温度。红雪梨树是喜温作物。生育期需要较高温度，休眠期则需一定低温。巍山县历年极端最低气温－4.6℃，出现在1月。休眠期最低气温在－10℃以上，红雪梨树可安全越冬。红雪梨树适宜的年平均气温为9.3～19.9℃。地温约5℃时，根芽开始萌动，6～7℃生长新根；15～20℃生长较好，超过30℃或低于0℃时则停止生长。当气温达5℃以上，树芽

开始萌发，气温达10℃以上即能开花，14℃以上开花加速。巍山红雪梨属于中国砂梨品种，在南方梨中耐寒能力突出，生长临界低温约为－23℃，低于－23℃不再生长。

光照。红雪梨树是喜光作物。巍山县年日照时数为2300～2400小时，满足年日照1600～1700小时的生长需求。若光照条件不足，表现为叶片变淡，枝条徒长，干物质积累少，营养不足，影响花芽分化和果实发育。

水分。红雪梨树是喜湿润作物。梨树的需水量较大，亩产量约4 t，常规亩产量约3 t，每亩需水量约460 t。科学管理排水灌溉，有利于红雪梨的生长和结果，提升品质及梨树寿命。红雪梨适种区的年降水量一般为800～1000 mm。巍山县大部地区年降水量在800 mm以上。若种植区降水空间分布均匀，基本能满足梨树生育期需水。气象干旱是制约红雪梨产业发展的一个重要因子。冬春旱严重和缺水性干旱地区，应注意冬春季的作物引水灌溉。土壤缺水干旱，易引起大量落花落果、裂果、叶片凋萎，影响光合干物质的积累，果实个头生长停滞。反之，土壤水分过多，易使通气不良及根系窒息，影响梨树地上部分生长。

土壤。红雪梨树对土壤的适应性强，以土层深厚、土质疏松、透气保水、地下水位低的砂质壤土最为适宜。红雪梨树对土壤的酸碱度适应性好，pH值在5.5～8.5的范围均适宜生长，一般梨树适生土壤要求微酸性。红雪梨树对土壤的盐碱度适应性强，土壤含盐量在0.2%以下生长和结果均正常，土壤含盐量达0.3%以上时，根系生长受阻，生长和结果会受到影响。

5.2　巍山县红雪梨气候适宜性区划结果

温度、水分和光照是影响红雪梨的生长和结果、提高产量和果实品质的重要生态因素。巍山县红雪梨气候适宜性区划见图5.1和表5.2。

图 5.1　巍山县红雪梨气候适宜性分布

5.2.1　巍山县红雪梨气候适宜性区划

最适宜区Ⅰ:分布于全县十个乡镇的深绿色区域。最适宜区的年平均气温 11.8～16.8℃,年降水量 840～1250 mm,年日照时数 2000～2400 h。永建镇、大仓镇、庙街镇、南诏镇、巍宝山乡适种区面积最广。永建镇西山村、大仓镇幸福村、庙街镇的慧民村及龙于村、南诏镇的自由村及河西村、巍宝山乡的大箐村、合作村及安乐村都设过红雪梨试种基地。上述乡镇,土地流转连片经营面积不足,果农栽培管理技术较马鞍山乡有差距,海拔高度、园田气候、土壤类型、水源条件等因子能满足梨树生长和结果需求，仍然适宜红雪梨推广种植。

适宜区Ⅱ:分布于紫金乡、马鞍山乡、五印乡、青华乡的淡绿色区域。适宜区的年平均气温 16.8～19.9℃，年降水量 810～840 mm，年日照时数 1800～2000 h。红雪梨长势好，发育正常，病虫害少，梨树产量高，果实品质好。

次适宜区Ⅲ:分布于紫金乡、马鞍山乡、五印乡、牛街乡、青华乡的黄色区域。次适宜区的年平均气温 9.3～11.8℃，年降水量 1250～1460 mm，年日照时数 1600～1800 h。上述区域，夏秋多雨寡照，降水多积温少，水热矛盾突出。

不适宜区Ⅳ:分布于紫金乡的白色区域。不适宜区的年平均气温 8.0～9.3℃，年降水量 1460～1560 mm，年日照时数 1400～1600 h。海拔高于 2800 m，红雪梨长势弱，萌芽至开花期，低温冷害严重，梨树挂果少，果实品质低。

如表 5.2 所示，地理标志产品巍山红雪梨保护区域包括马鞍山乡、五印乡、紫金乡、巍宝山乡、永建镇、大仓镇、庙街镇、南诏镇等 8 个乡镇 10 个村委会。牛街乡、青华乡受山谷风影响大，梨树坐果期挂果不稳，坐果率偏低，建园后不易管理，需要进一步改善种植技术。实践中发现，园田

表 5.2　巍山红雪梨地理标志产品保护区域重点乡镇及主要涉及的村委会

重点乡(镇)	主要涉及的村委会
马鞍山乡	三胜村委会
五印乡	白乃村委会
紫金乡	新建村委会
巍宝山乡	大箐村委会
永建镇	西山村委会
大仓镇	幸福村委会、永福村委会
庙街镇	慧明村委会、碧清村委会
南诏镇	河西村委会

小气候对梨树产量和果实品质影响较大。高海拔区春季山谷风频繁，易使梨树无法授粉、挂果不稳、提前落果。低海拔区夏秋季高温干旱，易使梨树两次开花、果疏个小。

5.3 干旱灾害风险区划

干旱对农业生产的影响和危害程度与其发生季节、时间长短以及作物所处的生育期有关。春旱易造成早稻缺水，不能适时播种、插秧，使春种作物缺苗断垄，影响春收作物后期的正常生长，延迟果树的发芽和降低发育势等。夏旱影响夏种作物的出苗和生长，影响早稻和春玉米正常灌浆及晚稻的移栽成活。秋旱会影响晚稻和其他秋收作物的生长发育和产量形成。冬旱影响冬种作物播种、出苗及其生长发育。本书基于作物需水与自然降水间差距造成灾害的原理来评估巍山县作物干旱灾害风险程度的地区差异并建立综合的灾害风险指数作为指标，结合 GIS 技术，针对巍山红雪梨干旱进行风险评估，并作出风险区划，为梨园排灌管理、趋利避害、减灾和抗灾服务提供科学指导。

5.3.1 干旱风险灾害风险评价方法和模型

从致灾因子危险性和孕灾环境敏感性两个方面建立作物干旱风险灾害风险指数，再用自然断点分级法获得干旱灾害风险等级，其模型为：

$$作物干旱风险指数 = \omega_1 \times 作物受旱关键期干旱指数 + \omega_2 \times 孕灾环境敏感性指数$$

式中，权重系数 ω_1、ω_2 取值分别为 0.7、0.3。

5.3.1.1 作物水分亏缺指数

作物水分亏缺指数(K)，即作物需水关键期水分供给量(自然降水)与需水量(作物同期参考需水量)的比值：

$$K = \frac{R}{E_{tc}}$$

式中，E_{tc}为需水量，R 为 30 年同期平均降水量。

$$E_{tc} = E_{t0} \times K_c$$

K_c 为作物系数，E_{t0}为参考作物蒸发量，E_{t0}采用 Hargreaves 计算公式进行估算

$$E_{t0} = C_0(T_{max} - T_{min})^{0.5}(T + 17.8)R_a$$

式中，T_{max} 是最高温度(℃)，T_{min} 是最低温度(℃)，T 是平均温度(℃)，R_a 是外空辐射($MJ \cdot m^{-2} \cdot d^{-1}$)，$C_0$ 是转换系数。当 R_a 以 $mm \cdot d^{-1}$ 为单位时，C_0 =0.0023；当 R_a 以 $MJ \cdot m^{-2} \cdot d^{-1}$ 为单位时，C_0 =0.000939。

5.3.1.2 作物受旱关键期干旱指数

作物受旱关键期干旱指数 Q，即作物多个需水关键期作物水分亏缺指数经加权处理后的综合加权水分亏缺指数：

$$Q = \sum_{i=1}^{n} C_i K_i$$

式中，K_i 为作物受旱关键期内各月水分亏缺指数，C_i 为权重系数。

5.3.1.3 巍山红雪梨需水关键期、关键期权重及作物系数

根据红雪梨生长发育期的特点，萌芽至花前是第一需水期。2 月下旬至 3 月上旬降水量的多年平均值为 15.2 mm，最大值为 54.6 mm，最小值为 0 mm，较差为 54.6 mm。取组距 20 mm，80%保证率降水量为 28 mm。“雨水—惊蛰”需水量在 50 mm 以上，萌芽至花前梨树灌水一次，满足萌芽、显蕾、开花和坐果的生理需求，一定程度上促进新梢生长。

花后至坐果是第二需水期。4 月中旬至 5 月中旬降水量的多年平均值为 56.6 mm，最大值为 176.9 mm，最小值为 3.5 mm，较差为 173.4 mm。取组距50 mm，80%保证率降水量为 65 mm。此间树体对土壤水分比较敏感，称为需水临界期。园田土壤过干或者过湿，对产量和质量都有影响。“清明—谷雨—立夏”需水量在 100 mm 以上，花后至坐果梨树灌水一次，

减少生理落果和促进新梢生长。花芽分化期内适当控水，抑制新梢生成和促进花芽分化。

果实迅速膨大是第三需水期。其中，5月下旬至6月下旬降水量的多年平均值为146.9 mm，最大值为289.4 mm，最小值为20.3 mm，较差为269.1 mm。取组距50 mm，80%保证率降水量为130 mm。“小满—芒种—夏至”需水量在200 mm以上，此间梨树需适时进行人工补水灌溉。若上月出现初夏旱，次月适逢降水偏多，易使果实膨胀开裂。7月上旬至9月上旬降水量的多年平均值为345.2 mm，最大值为573.8 mm，最小值为141.2 mm，较差为432.6 mm。取组距100 mm，80%保证率降水量为360 mm。“小暑—大暑—立秋—处暑—白露”需水量在400 mm以上，此间树体进入需水高峰期。土壤含水量占最大持水量的60%～80%，较适宜果实迅速膨大需水要求。此时段保证充足的降水，不仅满足幼果对水分需求，而且促进花芽分化，为稳产高产创造条件。此外，巍山秋季光热资源好，夏季树体积累养分多，果实含水基本达饱和，此时对水分需求不大，采摘前15～20天灌水即可。

需水关键期权重系数用专家打分法确定，确定权重系数如表5.3所示：

表5.3 红雪梨干旱关键期权重系数

作物	干旱关键期	权重
红雪梨	2月下旬至3月上旬	0.2
	4月中旬至5月中旬	0.3
	5月下旬至6月下旬	0.4
	7月上旬至9月上旬	0.1

5.3.1.4 干旱灾害孕灾环境敏感性指数

孕灾环境敏感性主要考虑坡度因子，即孕灾环境敏感性指数＝坡度标准化值。坡度分级标准和得分见表5.4。

表 5.4 地面坡度分级标准及得分

分区	得分	坡度(°)
平地	0.4	<2
微斜坡	0.8	2～5
缓斜坡	1	5～15
斜坡	0.6	15～25
陡坡	0.3	⩾25

5.3.1.5 干旱灾害风险区划指标

根据红雪梨受旱关键期的干旱风险指数可将干旱灾害风险分为 4 个等级：低风险、中等风险、次高风险和高风险。具体划分指标如表 5.5 所示：

表 5.5 红雪梨干旱风险指数与干旱等级的关系

等级	干旱关键期干旱指数 Q
低风险	$Q<0.68$
中风险	$0.38\leqslant Q<0.44$
次高风险	$0.44\leqslant Q<0.50$
高风险	$Q\geqslant 0.50$

5.4 暴雨灾害风险区划

5.4.1 致灾因子危险性

暴雨洪涝灾害主要是由于降水异常偏多、降水强度大而引起的，致灾风险与过程降水量及降水时长密切相关。一般用暴雨过程强度指数来表征暴雨强度。一次降水过程中至少一日累积降水量大于等于 50 mm 定义为一次暴雨过程。统计县域各自动站历年日累计降水资料，将符合条件的暴雨日进行汇总排序，统计每个暴雨日的累计降水量、暴雨日最大小时降水量、暴雨日小时降水量大于等于 16 mm 小时数，用这三个指标表征每个暴雨日的暴雨强度。用熵值法计算三个指标的权重，将三个指标值进行归一化处理后加权合成，得到每个暴雨日的暴雨强度，然后对各站点的暴雨强度进行求和、求平均处理，再将站点暴雨强度的平均值用反距离权重法进行插值，生成暴雨强度图层。用统计的各站点暴雨次数生成暴雨频次图层。用熵值法计算暴雨强度和暴雨频次的权重，再用栅格计算器按权重进行两个图层的叠加，得到暴雨致灾因子危险性图层。

5.4.2 孕灾环境敏感性

运用致灾因子与孕灾环境相关回归分析法得到孕灾环境敏感性图层。将统计的各站点暴雨频次与海拔、坡度、河网密度分别进行相关分析，建立回归模型。如果所有样本值均在95%置信限预测区间内，拟合优度达到0.8以上，拟合模型参数估计显示F检验的P值小于0.001，则判断模型有显著意义。通过函数关系计算每个栅格格点的海拔、坡度、河网密度的综合指标值，得到孕灾环境敏感性图层。在相关性分析过程中，预选的海拔、河网密度、坡度指标中如有相关性较弱的，将被剔除，只保留通过样本检验的指标。调用SAS中REG过程，用逐步筛选法STEPWISE选择最佳回归模型，并对模型进行诊断。

5.4.3 承灾体易损性

根据县域内暴雨洪涝受灾面积、受灾人口、人口密度、地均GDP、土地利用类型综合因子表征承灾体的易损性，本书为了简化区划图不做赘述。该五个指标越大，发生暴雨洪涝造成损失的风险就越大。以乡镇为单位统计该五个指标值，并进行归一化处理，用熵值法计算该五个指标在表征承灾体易损性时的权重。然后用归一化的指标值乘以各自权重再相加，得到承灾体易损性综合指标，用ArcGIS根据指标值生成承灾体易损性综合指标图层。

5.4.4 暴雨洪涝灾害综合风险区划

将致灾因子综合指标图层、孕灾环境综合指标图层和承灾体易损性综合指标图层用层次分析法专用的 yaahp 软件计算得出三个图层表征暴雨洪涝灾害风险的权重。用 ArcGIS 中的栅格计算器将三个图层按各自权重进行叠加,得出暴雨洪涝灾害综合风险区划图。

6

基于 GIS 的巍山县气候要素细网格推算

6.1 气候背景要素推算

6.1.1 年平均气温

年平均气温是衡量热量资源的重要依据，在气象学和生态学等学科中，又是各种研究模型的重要因子。由于人力和财力等各种因素的限制，气象观测站点的数量往往是有限的，有限站点的空间布局又不尽合理。从有限的气象站点、不尽合理的空间布局获取的点观测气象数据，难以满足人们对气象要素在空间尺度上时空差异性精确表达要求。运用散点测站的气温数据生成任意空间尺度上的年平均气温的分布状况，涉及到空间插值计算。基于数字高程模型数据 DEM 对气温作空间插值，绘制出整个平面的大气监测站的气温分布情况。通过 DEM 数据对大理州各测站年平均温度空间插值计算，绘制年平均气温分布图，从中截选巍山县区域，就得到巍山县的年平均气温分布图（图 6.1）。红雪梨是一种喜温作物，生育期需要较高的温度，休眠期则需一定的低温。通过绘制巍山年平均气温分布图，直观反映红雪梨适宜种植区域，为政府决策提供科学指导。

6.1.2 年平均日照

日照时间计算考虑到地理纬度、海拔高度、坡度坡向、地形遮蔽和天空状况等因子。其中，地形遮蔽对日照资源分布影响突出，使山区日照时

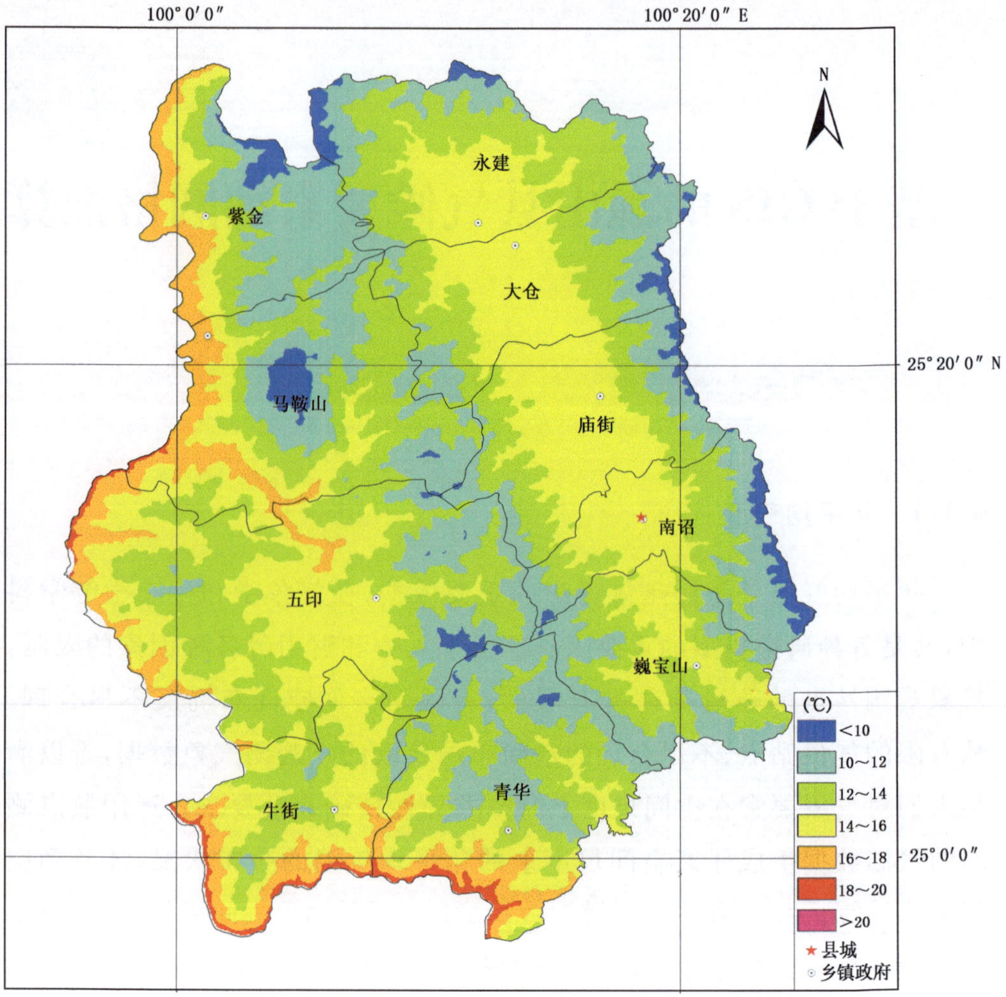

图 6.1 巍山县年平均气温分布

间的时空差异性显著。实际日照时间与天空状况和地势条件都有关。随着地理信息系统和遥感技术的发展,基于数字高程模型数据 DEM 计算地理可照时间的方法已被广泛应用。相较于传统计算方法,考虑到地形遮蔽因子,剔除了误差带来影响。此外,天空状况尚未能数字化处理,研究区域有限实际差异很小。受到复杂地形因素的影响,坝区日照时间多于山区、半山区。常用的地理可照时间主要考虑地形遮蔽而不考虑大气影响。复杂地形的日照时间计算采用半球视域法，基于数字高程模型DEM数据推算1—12月的地理可照时间，建立实际可照时间与地理可照时间的估算方法，利用大理州各气象站内插处理的日照百分率与地理可照时数之积估算实际日照时间，得到实际日照时间的空间分布模型(图6.2)。

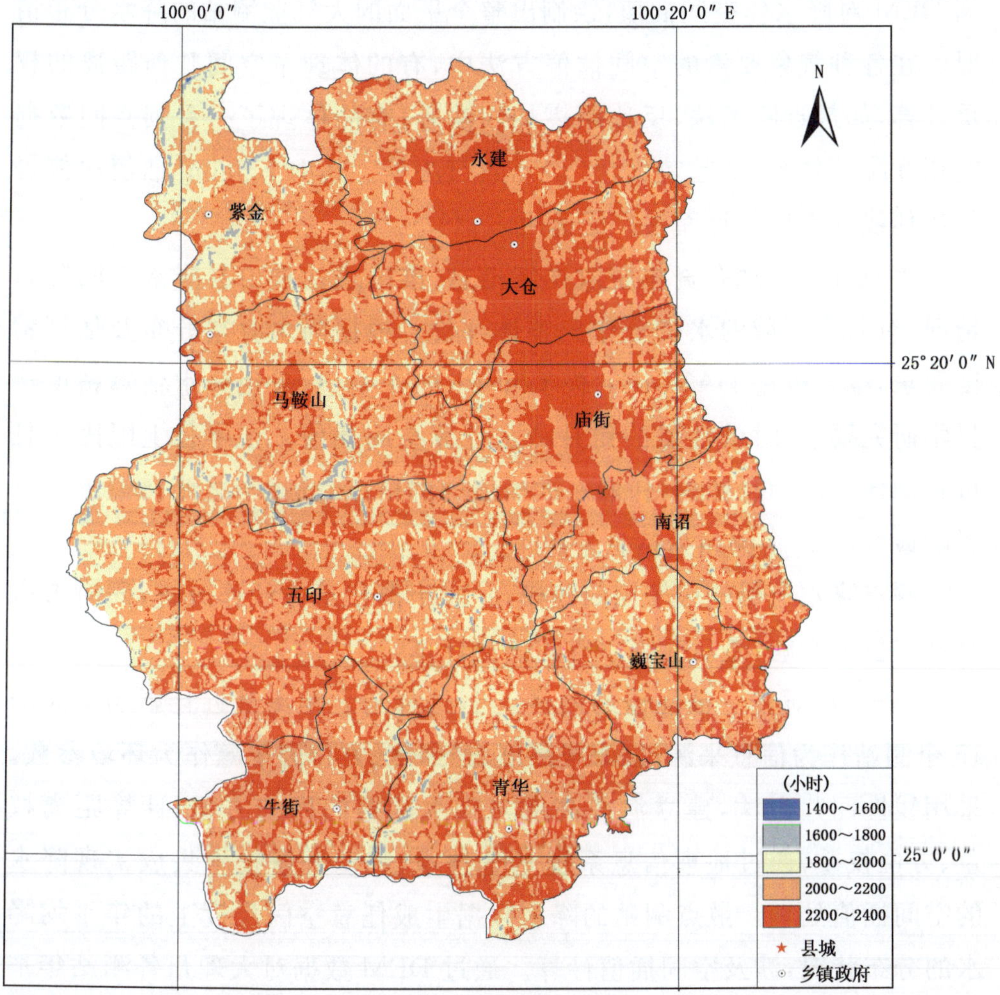

图6.2 巍山县年日照时数分布

6.1.3 年平均降水

降水量是评估水资源的重要依据，在水文、生态和气象等学科中，作为研究模型的重要因子。运用散点测站的降水数据生成任意空间尺度上的年平均降水的分布状况，涉及到空间插值计算。基于数字高程模型数据 DEM 对降水作空间插值，绘制出整个平面的大气监测站的降水分布情况。在各种气象要素的空间插值方法中，有的体现了空间几何距离的权重计算，如最近距离法，反比距离加权法等；有的体现了一系列空间数据的相互统计关系，如趋势面法，多元回归法等。其中 Kriging 插值法能提供最佳线性无偏估计而被广泛运用。

为充分利用现有资料获取详细信息，准确表达巍山县降水空间分布情况，对研究区域的水资源作出整体评价。根据降水时空分布及估算精度要求，综合改进 DAYMET 模型和 PRISM 模型，采用降水估算精度达科学研究要求，时效性强的旬月降水计算空间插值。在半径上限固定且可自动伸缩的信息圆内，任取一欲插值的网格点，选择与之距离最近并且影响最大的 N 个测站为信息来源。

测点降水与影响因子回归建模，并对距离权重方法作改进，同时考虑测站方位的影响，最后对降水空间插值计算。

一般地，对任一欲插值的网格点 J，选择与之距离最近且影响最大的 15 个测站作为信息来源，以海拔高度、经纬度、方位因子等作为环境参数，采用线性回归方法，建立海拔高度与降水数据的回归方程，计算距离权重、方位权重，通过地理信息系统 GIS 技术、移动开窗技术集成实现降水的空间插值处理。散点测站的降水数据生成任意空间尺度上的年平均降水的分布状况，涉及空间插值计算。通过 DEM 数据对大理州各测站年平均降水空间插值计算，绘制年平均降水分布图，从中截选巍山县区域，就得到巍山县的年平均降水分布图（图 6.3）。

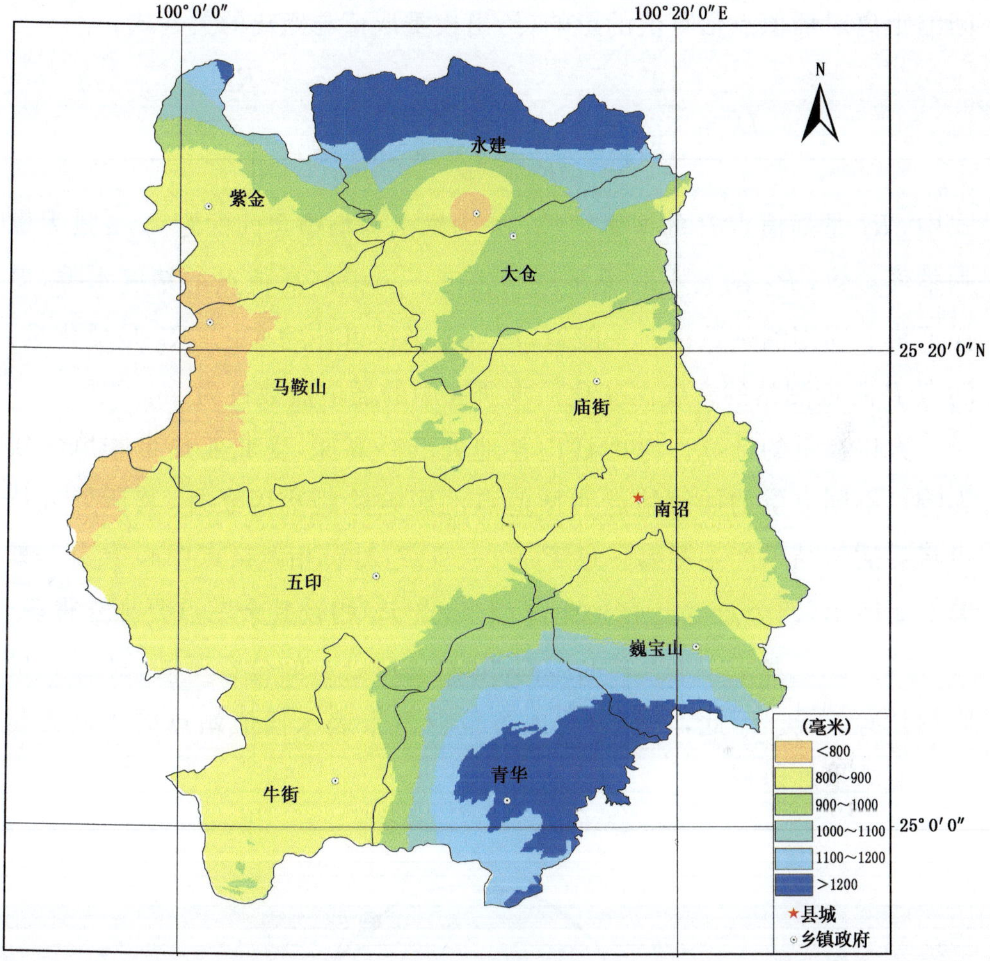

图6.3 巍山县年降水量分布

6.1.3.1 权重函数

距离权重的计算。在信息圆搜索距离确定的情况下，测点与插值点间的距离对插值点估算值的影响，给出权重取值与距离的关系式：

$$D_i = \begin{cases} 0 & d_i > R_P \\ \exp\left[-\left(\dfrac{d_i}{R_P}\right)^2 \alpha\right] - e^{-\alpha} & d_i \leqslant R_P \end{cases}$$

式中，R_P 是插值点 P 的搜索半径，d_i 为测点与插值点间的距离，α 是无量纲整形参数。R_P 的大小取决于测站密度。为提高插值点的精度水准，需保证格点周围测站数量。一般地，信息圆半径可伸缩变化，R_P 是变化量，随点 P 附近测站的密度而变化。本研究中的插值点数量为 15。

方位权重的计算。考虑巍山县地处低纬高原，受北亚热带季风气候影响。不同方位的插值站点对插值点的影响除距离因素外，其所处方位也将对插值结果产生影响。点 P_i（$i = 1,2,3,4$）相对格点中心 P 分布如图 6.4 所示，四个点与点 P 的距离相等，点 P_4 相较其余三点要独立得多。P_4 与 P_1、P_2 和 P_3 到点 P 的距离相同，其所处空间位置不同，对点 P 的影响就有差异。因此，本研究引入方位权重来表示插值站点的不同方位对插值结果的影响。

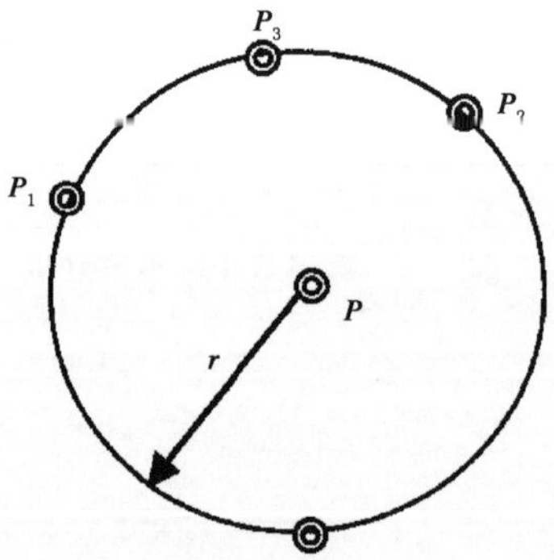

图 6.4 不同方位的插值点对估值点的影响

引入 P_i 与 P 之间的夹角余弦作为空间布局的一种量度，通过投影进行测量，则不同站点相对于点 P 的方位对估值 P 的影响可以表示为：

$$a_i = \frac{\sum_{d_j \in C^*} D_j (1 - \cos(\angle P_j P P_i))}{\sum_{d_j \in C^*} D_j}$$

式中，C^* 表示选定的信息圆搜索半径 r 包括的范围。

$$\cos\angle P_j P P_i = \frac{(x - x_i)(x - x_j) + (y - y_i)(y - y_j)}{d_i d_j}$$

由于 $-1 \leqslant \cos\theta \leqslant 1$，因此 $0 \leqslant a_i \leqslant 2$。如果点 P_i 和其余测站在点 P 的同一方向，则 $1 - \cos\theta \approx 0$，表明此时 P_i 对 P 值的影响完全由距离决定，而与方向无关；如果 P_i 位于其余测点的相反方向，则 $a_i \approx 2$。表明方位影响达到最大。综合考虑方位和距离的权重函数：$W_i = D_i(1 + a_i)$。因此，在估计降水时，对参与估值的站点的降水与海拔高程进行加权最小二乘回归分析。

6.1.3.2 降水估计

$$\left(\frac{P_1 - P_2}{P_1 + P_2}\right) = \beta_0 + \beta_1 (Z_1 - Z_2)$$

式中，P_1 和 P_2 为搜索半径内任意两点的观测值，Z_1 和 Z_2 为测点海拔；β_0 和 β_1 为回归方程系数。最终建立插值点的降水 P_P：

$$P_P = \frac{\sum_{i=1}^{n} W_i \left(P_i + \frac{1 + f}{1 - f}\right)}{\sum_{i=1}^{n} W_i}$$

式中，$f = \beta_0 + \beta_1 (Z_P - Z_i)$，要求 $|f| < 1.0$。规定 $|f| > 0.95$ 时，$|f| = 0.95$。

6.1.4 大于等于 0℃、10.0℃、15℃ 活动积温

研究复杂地形下积温的精细空间分布对农林渔牧的产业结构布局具

有指导意义。积温是作物生长发育阶段内逐日平均气温的总和。温度积累量是衡量作物生长发育速度的主要标准,温度积累量与作物生长发育速度呈正相关。积温对红雪梨的果实膨大、果皮着色和糖分积累有很大影响。一般地,生育期温度越高,其持续时间越短,反之亦然。在长期生产实践中,任一作物的生长发育,不仅需要一定强度的温度,而且需要一定的高于这一强度的温度累积量。前者指作物发育的生物学下限温度,后者指温度与时间联系的积温概念。

温度积累量是研究作物热量需求和评价热量资源的气候指标,对科学种植规划和农业气候区划具有重要意义。基于数字高程模型数据DEM对活动积温作空间插值,绘制出整个平面的大气监测站的活动积温分布情况。利用测站的海拔高度、经纬度建立活动积温推算模型,考虑各网格点的坡度坡向、地形遮蔽及坡地反射的太阳总辐射代入推算流程,建立细网格模式下大于等于0℃、10℃及15℃的活动积温分布模型。通过DEM数据对大理州各测站活动积温作空间插值计算,绘制活动积温分布图,从中截选巍山县区域,就得到巍山县的活动积温分布图(图6.5～图6.7)。

大于等于0℃积温。反映区域内农事季节热量资源分布,其持续时间用于评价农事季节长度。0℃作为冰冻和解冻的临界指标,它既是作物进行光合的最低下限温度,又是统计正负积温的重要温度界限。0～7℃低温阶段长短,直接决定翌年的产量。冬季梨树需休眠15～35天,否则影响根系生长和春芽萌发。

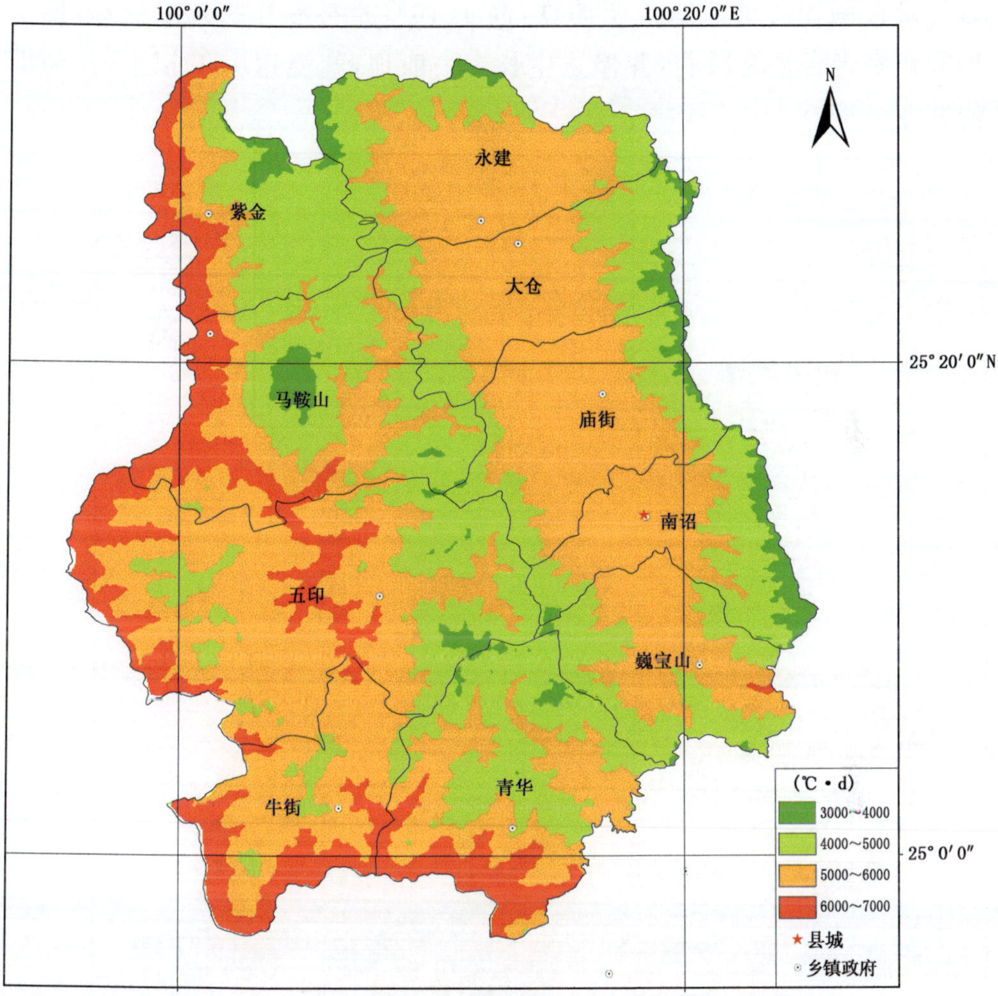

图 6.5　巍山县大于等于 0℃积温分布

大于等于10℃积温。反映作物生长季热量资源分布状况，其持续时间用于评价生长季节长度，是衡量研究区域热量条件的一项重要指标。10℃是喜温作物的生长下限温度，高于10℃是喜温作物开始生长，低于10℃作物光合显著减弱，并停止生长。一般地，气温达10℃以上，梨树即能开花。

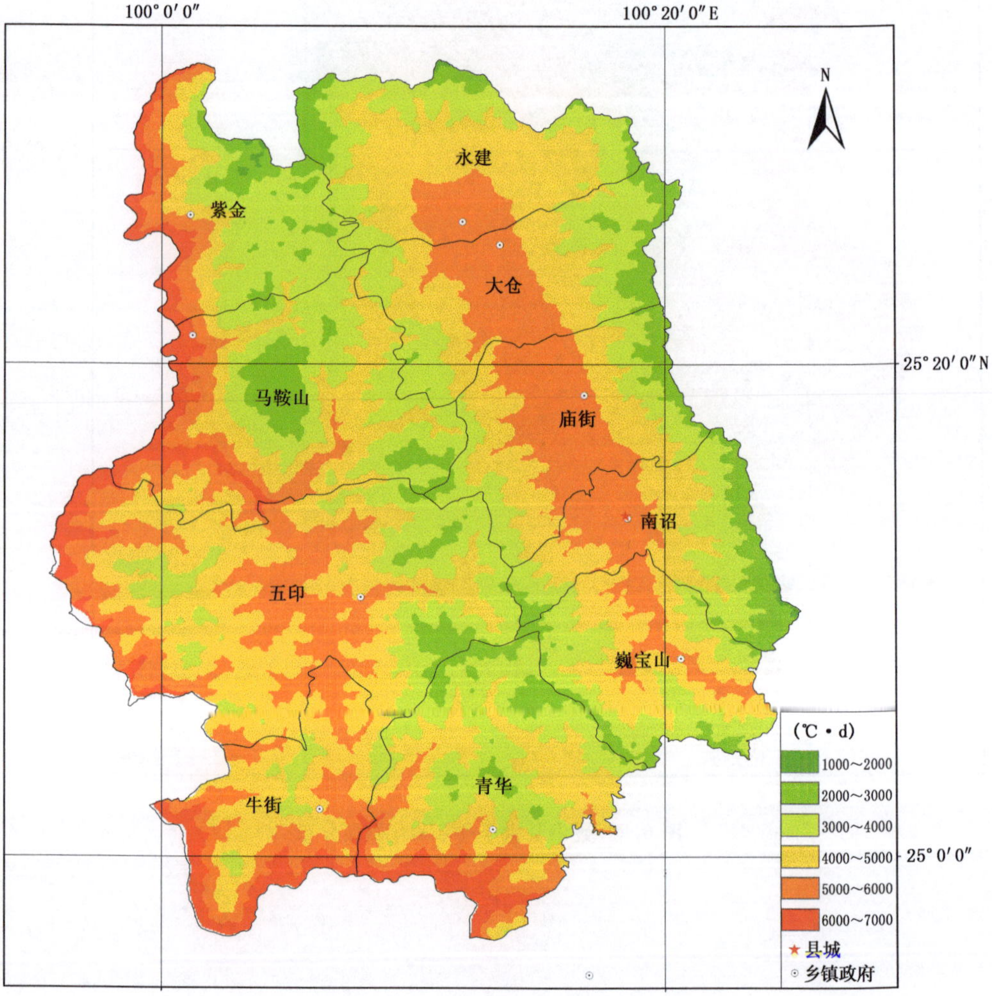

图6.6 巍山县大于等于10℃积温分布

大于等于15℃积温。反映作物旺长期热量资源分布情况，其持续时间用于评价积极生长季长度。15℃是喜温作物积极生长的温度。春季日平均气温高于15℃，促进梨树开花和生物授粉；秋季日平均气温低于15℃，影响树体膨大期的果实着色和糖分积累。

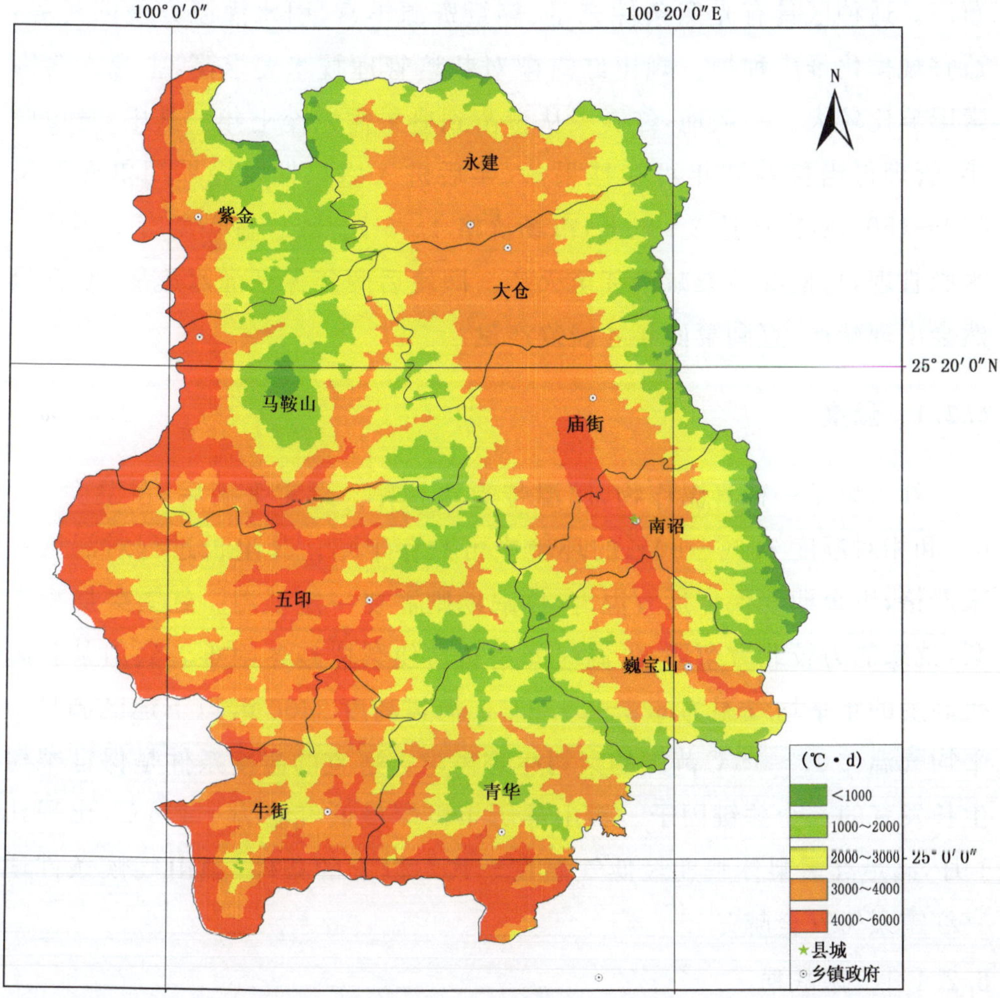

图6.7 巍山县大于等于15℃积温分布

6.2 巍山红雪梨种植区划指标推算

气候因素对红雪梨的生长发育和产量品质影响很大。发展优质高产的红雪梨,离不开气候要素相互协调。巍山红雪梨在县域内适宜范围分布广。适种区具有光照条件充足、热量资源丰富、引水灌溉方便的优势,适宜规模化推广种植。巍山红雪梨对栽培管理技术要求高,主观人为因素影响比较大。一般地,红雪梨从育苗到盛果需六至七年。其中,育苗两年,管理得当移栽四年可初挂果,六年后进入盛果期。盛果期单株产量100～150 kg,亩产达 3 t 以上,市场价格 4～5 元/kg。盛果期有一年疏于水肥管理,易使红雪梨减产甚至灭产。即使后两年保证灌水施肥,梨树仍然会出现减产,直到第四年才恢复产量。

6.2.1 温度

红雪梨是一种喜温作物,属温带晚熟品种。果实采摘后,在温度 2～5℃和相对湿度 70％～80％的环境中可贮存半年。其生长过程对温度要求严格,生育期要保证适宜温度,休眠期则需要一定低温。红雪梨属南方梨,抗寒能力较北方梨弱,低温时间过长易使梨树越冬困难。巍山县各海拔高度的年平均气温为 8.2～19.9℃。海拔高度 2400 m 以下地区满足年平均气温在 12～15℃范围的梨树生理需求。适宜的温度条件是保证梨树生长发育的一个关键因子。巍山县历年极端最低气温为－4.6℃,出现在 1 月,满足红雪梨休眠期最低气温在－10℃以上的条件,巍山气候条件适宜红雪梨树安全越冬。

6.2.1.1 休眠期

红雪梨树的休眠期一般发生在 12 月上旬至翌年 2 月中旬。红雪梨属深根性作物,根系垂直入土深度为树高的 1/5～2/5,根系长度约为树高的一半。红雪梨根系生长发育要求适宜的温度。土壤温度为 0.5℃时,根系开始活动。土壤温度为6～7℃时,新根开始生长。土壤温度为15～20℃时,根系长势较好。土壤温度高于30℃或低于0℃时,根系停止生长。一般地,冬季日平均气温7℃作为红雪梨休眠期的临界点。日平均气温低于7℃,红雪梨树进入休眠。日平均气温高于7℃,红雪梨树开始活动。红雪梨生长临界低温为－23℃,日平均气温低于－23℃时,梨树生长停滞;日平均气温高于－23℃时,梨树开始生长。

6.2.1.2 萌芽期

红雪梨树的萌芽期一般发生在2月下旬至3月上旬。期间要求光照充足、温度适宜,红雪梨萌芽能力强,叶芽为晚熟性芽。日平均气温达5℃以上,叶芽萌动。日平均气温达10℃以上,即能开花。日平均气温达14℃以上,开花加速。中高海拔地区梨树的萌芽期发生在3月上中旬,萌芽期晚温度偏低,此间适逢倒春寒天气,易使花朵、幼叶及嫩梢发生冻害。常采用防寒保温和精细管理等,保证红雪梨树萌芽的生理需求。红雪梨的叶芽萌发率高,但成枝率低。枝梢停止生长早,枝与果的养分矛盾不突出。梨树萌芽期花芽过多时,冬季修剪疏去过多花芽,保证花芽叶芽相等。

6.2.1.3 开花期

红雪梨树的开花期一般发生在3月中旬到4月上旬。此间适逢0℃以下低温就会出现花期冻害,影响树体授粉受精,易使梨树落花落果,造成坐果率低,影响红雪梨的品质和产量。巍山红雪梨花期平均每年发生低温冷害5.4～6.0 d,主要危害时段为3月中旬前后。红雪梨属异花授粉树种,日均气温在15℃以上时,赤眼蜂等传粉昆虫活跃,有助于自然异花授粉。巍山县光热资源丰富,果园选址风速小,利于梨花授粉受精,提高梨树坐果率,促进红雪梨提质增量。开花量少的年份,应进行保花保果。通过土肥水管理、花期果园放蜂、盛花期喷0.3%硼砂、0.3%尿素和0.5%白砂糖混合液等措施,保证梨树坐果率。

6.2.1.4 果实发育期

红雪梨的坐果期一般发生在4月中旬到5月中旬。巍山县海拔高度2400 m以下的坐果期平均气温为14.4～22.5℃。为减少山谷风对生产优质梨的影响,避免红雪梨坐果期挂果不稳,防止梨表出现斑点及刮痕。一是建园选址要求盛行风很小。二是5月上中旬疏果后套袋,红雪梨套袋技术不成熟,未推广应用。5月下旬到9月上旬是果实膨大期,海拔高度2400 m以下的地区,平均气温为17～25℃。9月中旬到10月上旬是果实着色期,海拔高度2400 m以下地区,平均气温为14.7～22.8℃。巍山秋季天高气爽,光热资源丰富,光合效率高,积累干物质多,果实上色好糖分高。红雪梨的成熟期发生在10月中旬到11月下旬。果实成熟时间越长,光合积累干物质越多,营养保健价值就越高。巍山县红雪梨主产区最晚于11月下旬落果。坝区海拔高度约1700 m,红雪梨10月中旬至11月上旬成熟;山区海拔高度约2000 m,红雪梨10月下旬到11月下旬成熟。

6.2.2 水分

红雪梨树是一种喜湿润作物。巍山县湿季降水多,低洼地带排水不易,园田土壤湿度过高,土壤含氧量不足抑制根系生长。潮湿环境含有比正常状态多的水分,易使果实表面气孔角质层破裂,造成斑点大和表面粗糙,梨树病虫害加重,树花和苔藓滋生多。因此,在光热资源相同的条件下,种植区选择便于排水灌溉的山区和半山区的缓坡地,一般不考虑低洼地带。园址选择根据地势条件设计蓄水及排水。一是山地建园,建设水平梯田,利于蓄水保墒;二是平地建园,采用深沟高畦,注意排水防涝。土壤含水量低于20%时,应及时补灌,土壤含水量高于80%时,应立即排水。红雪梨种植区以砂壤土为主,土壤含水量为15～20%时,较适宜根系生长;土壤含水量降至12%时,根系生长受抑制。果实发育期出现较严重的初夏旱,次月降水偏多至特多,易引起后期落果或造成裂果,甚至果实病害。

红雪梨整个生命周期的生理活动离不开水分。一是花前灌水，萌芽至花期需保证水分供应，以完成萌芽、开花、抽枝及展叶等生理过程。巍山县冬春干旱频发，缺水性干旱严重，常因土壤缺水影响梨树生长发育。因此，合理安排灌水促进梨树枝叶生长和开花结果。冬季 1—2 月降水稍多，利于根系生长和营养积累。二是花后灌水，盛花期适量灌水可以提高坐果率。如果萌芽前灌水充足，开花后土壤墒情好，可以适当减少灌水。三是果实膨大灌水，膨大期亦称花芽分化期，此间对水分较敏感，膨大期灌水不仅满足幼果需水，而且促进花芽分化，为稳产高产创造条件。四是果实采收前后可结合施肥灌水，对梨树分解和吸收绿肥有益，增加光合干物质积累，利于红雪梨提升产量和质量。因此，开花前后、果实膨大、采收前后和施肥后等时期及季节性干旱时间应及时灌水。

6.2.3　光照

红雪梨树是一种喜光作物。光照的长短、强弱对红雪梨的根系生长、花芽分化及开花结果具有重要影响。红雪梨树生长需年日照 1600～1700 h，巍山县年日照约为 1700～2200 h。县境内光照条件充足，满足红雪梨生长需求。其中，萌芽期（2 月下旬至 3 月上旬）巍山县日照时间为 146.5 h，萌芽期充足的日照有利于花芽的形成；而日照不足，红雪梨则表现出叶片颜色偏黄，枝条徒长，光合积累干物质少，红雪梨树营养不足，影响花芽分化和果实发育。膨大期（5 月下旬至 9 月上旬）日照时间为 480.8 h，充足的日照有利于红雪梨光合积累干物质和提高果实含糖量，促进果实迅速膨大。着色期（9 月中旬至 10 月上旬）日照时间为 131.6 h，充足的日照有利于红雪梨的果实着色和增加糖分。成熟期（10 月中旬至 11 月下旬）日照时间为 369.1 h，充足的日照有利于光合干物质的积累和提升果实品质。

巍山县有“向阳梨背阴桃”的农谚。园址一般选择山的南面向阳位置，要求采光条件好。山的北面不适宜种植晚熟梨，较适宜发展早熟桃种植。光照充足，表现为树冠外围和上部叶片光亮，色深而厚，枝条充实，粗壮，果实发育充分，含糖量高，品质优。光照不充足，表现为叶片色淡、变薄、芽小、坐果率低，生长衰弱，甚至不能形成花芽。红雪梨适宜种植在海拔 1600～2400 m 的山区、半山区及缓坡地。适种区的日照短波辐射强，对红雪梨树生长有益，利于提高光合效率，增加干物质积累。膨大期正值雨季，天气时晴时雨，日照时遮时射，形成和煦的光照条件，有利于促进生长和提高品质。巍山县年日照时间为 2249.2 h，日照百分率为 46%～62%。膨大期 5—9 月日照时间为 505.6～947.1 h，日照百分率为 25%～47%。通过分析，巍山红雪梨主产区常年日照条件能满足生产优质梨的要求，少雨年份光照充足，多雨年份光照稍少，但均可以生产优质红雪梨。

6.2.4 活动积温

红雪梨的生长发育周期需要一定的温度积累。活动积温指作物在某时期内逐日活动温度的总和，是指大于生长作物生物学下限温度的日平均气温。巍山县热量资源随海拔高度增加而减少，海拔高度每上升 100 m，大于等于 0℃积温约减少 220 ℃·d，大于等于 10℃积温约减少 260 ℃·d。低热河谷区海拔高度在 1600 m 以下，0℃以上积温为 6100～7200 ℃·d，10℃以上积温为 5400～6800 ℃·d；温暖坝区海拔高度在 1700 至 1900 m，0℃以上积温为 5400～5800 ℃·d，10℃以上积温为 4500～5100 ℃·d；大部山区海拔高度在 1900～2400 m，0℃以上积温为 4300～5400 ℃·d，10℃以上积温为 3200～4500 ℃·d；高寒山区的海拔高度在 2400 m 以上，0℃以上积温为 3000～4300 ℃·d，10℃以上积温为 1900～3200 ℃·d。

一般地，高寒山区海拔高度在 2400 m 以上，受热量资源制约不适宜规模化种植红雪梨。适生区海拔高度在 1600～2400 m，0℃以上积温约为 4300～6100 ℃·d，10℃以上积温约为 3200～5400 ℃·d，满足梨树生长对热量要求,适宜规模化种植红雪梨。其中,丰产区海拔高度在1800～2200 m,0℃以上积温约为4800～5600 ℃·d,10℃以上积温约为3700～4800 ℃·d,满足各生育阶段热量需求,适宜发展高品质红雪梨。低热地区海拔高度在1600 m以下,0℃以上积温为6100～7200 ℃·d,10℃以上积温为5400～6800 ℃·d,低热地区冬暖春早,7℃以下低温阶段短,红雪梨休眠时间不足,易导致早花和二次花,影响根系发育和营养积累。其中,一次开花坐果多果个大;二次开花坐果少果个小。

6.2.5 海拔高度

巍山县山地面积宽广,森林植被繁茂。全县林业用地226.6677万亩;其中,林地面积94.595万亩,灌木林面积40.1355万亩;疏林地0.0753万亩;全县有林地森林覆盖率为54.7%。全县山区占比多、林地面积广、森林资源丰富,红雪梨和核桃等特色产业发展优势明显。根据巍山县林业站关于红雪梨种植技术推广的调查,通过研究不同海拔高度,红雪梨的生长习性及果实品质发现,气候最适宜区的海拔高度为1600～2400 m,红雪梨长势好,发育正常,病虫害少,产量高,品质好。其中,丰产区的海拔高度为1800～2200 m,梨树长势和果实品质最好,较适宜建园。气候适宜区的海拔高度为1100～1600 m,巍山县热量资源丰富,低海拔区有效积温多,易使8—9月果实早熟,早熟梨水分含量高,光合积累干物质少,梨表面色泽浅,糖分营养不足,影响果实品质。气候次适宜区的海拔高度高于2400 m,红雪梨树长势弱,萌芽至开花阶段,易受低温冷害影响,影响坐果率及果实品质。

6.2.6 土壤和地势

巍山县土壤类型繁多,共有5类,15个土属,44个土种。紫色土为巍山县的主要土壤类型,含钾量丰富,适宜粮种作物和经济林果种植。受地势、气候、生物等因子的影响,土壤垂直分布差异显著。海拔高度1500米以下多为红壤类型，约 101.5699 万亩，占总面积的 33.32%；海拔高度 1600 至 2600 米多为紫色土类型，约 179.5869 万亩，占总面积的 58.91%，其中，海拔高度 2100 至 2500 米紫色土分布最广；海拔高度 2500 米以上多为棕壤类型，约 5.6095 万亩，占总面积的 1.85%；其他石灰土类 0.2290 万亩，占总面积的 0.07%；水稻土类 17.8461 万亩，占总面积的 5.85%。红雪梨对土壤的适应范围广，砂土、壤土和黏土都能适应。以土层深厚、透气保水、排灌方便、适合扎根及有机质丰富的砂土和红壤土的混合土为宜。红雪梨对土壤酸碱度适应好，pH 值 5.5～8.5 范围梨树的生理过程正常。红雪梨性喜中性偏酸的土壤，以 pH 值 6.5～7.5 为最适宜区间。

红雪梨树对土壤盐碱性适应强，含盐量在 0.2%以下，生长和结果正常。含盐量达 0.3%以上时，梨树根系生长可受害，严重会制约生长和结果。红雪梨树对土壤湿度适应范围广，土壤含水量在 20%～80%范围为宜。土壤含水量低于 20%时，为减少梨树日灼影响，应及时引水灌溉。土壤含水量高于 80%时，影响树势和果实品质，且易发生病虫害。红雪梨树生命力旺盛，在盐碱地和湿涝地都能生长，建园选择地下水位低的位置。红雪梨树对地势要求不严格，缓坡地、平坦地、河滩地都能生长，规定坡度小于 25°。坡度在 25°以上，地势落差大，不利于保持水土。坡度在 2°以下，地势落差小，不利于园田排水。一般地，坝区和河滩土壤含水高，湿季排水不易，易形成涝害。山区和半山区的土壤含水低，湿季排水方便，可保证稳产高产。

7 巍山红雪梨气象灾害风险区划

巍山红雪梨栽培管理需注意防范气象灾害。干季需注意防范冬春干旱和初夏干旱。干旱一方面使梨树病害加重。常发生日灼病、褐斑病、轮纹病、梨锈病等。采收不当,如一次性采果必然导致生理失调,叶片水分供应不济,从而加速离层形成等。常见的日灼病,叶、果均可受害。一是叶片开始局部褐色,逐渐蔓延至全叶,易造成早期落叶,常现于短、中长枝、新梢及徒长枝的基部叶。二是果面果实呈呈黄,圆形或不规则形斑,渐变为褐斑,易导致早期落果。此外,土壤含水率急剧变化,氮钾施过量也会发生。一方面使开花早落叶早。果实膨大和花芽分化同时发生,红雪梨需水量最多,此时段遇高温干旱,叶片蒸腾作用过快,气孔生理机能钝化,造成黄叶甚至落叶,干物质的积累少,养分输送不到枝条,进而影响花芽分化,迫使树体进入休眠。逢小阳春开二次花,树体养分贮藏减少,翌年花量产量降低。此外,不按规范因此修枝疏果,易使树体提前落叶。上年度不按时灌水施肥,直接引起翌年果小果密,次果价格低竞争力不足,间接影响次年管理热情。因此,梨树的各生育期都要把栽培管理置于首位。此外,果实迅速膨大期是冰雹的多发时段,需注意防范。芽膨大期要注意防范晚霜冻和倒春寒危害,2—3 月春芽萌动后,遇异常年下雪天气,初生的新稍和枝条会受到冻害。

7.1 巍山县干旱灾害风险区划结果

(1)高风险区主要分布在马鞍山乡、紫金乡、五印乡西部的山区。该区域降水相对较少，以山地、坡地为主，干旱风险等级较高。山区地势高、坡度大，自然雨水不易截留，对果园栽培管理影响较大。适逢雨季开始早或雨水较多的丰水年份，一般能解决果实生长期的水分需求。遇到干旱年份，果实生长期供水不足，对梨树产量和果实品质会造成较大影响。有时连人畜饮水保障也非常困难，加上山高水低水利设施少，是巍山县干旱较为严重的地区（图 7.1）。

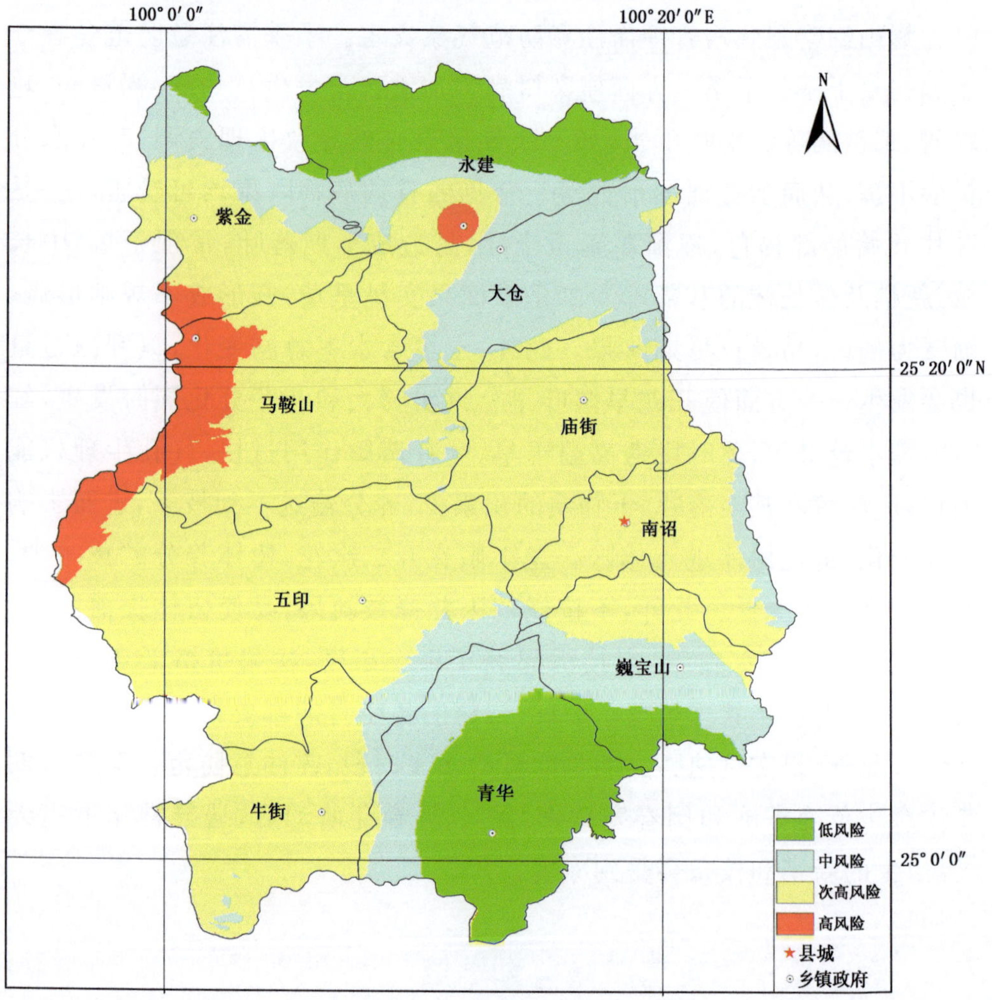

图 7.1 巍山县干旱灾害风险区划

(2)次高风险区和中等风险区是巍山县干旱风险等级中面积最大、分布最广的区域,主要分布在紫金乡、马鞍山乡、五印乡、牛街乡、永建镇、大仓镇、庙街镇、南诏镇、巍宝山乡。造成此风险区大范围分布的主要原因是5—9月果实膨大期降水偏少。冬春干旱和初夏干旱严重,易使小河流枯竭,自然水库干涸。上游虽有小麦庄、五茂林水库,但库容量不大。引水沟渠渗透大,造成灌溉面积受制约。

(3)低风险区主要分布在永建镇、青华乡、巍宝山乡。该区域5—9月果实膨大期降水偏多,土壤持水能力可观,以致干旱风险等级评定相对较低。

7.2 干旱灾害风险防控对策建议

(1)科学选址建园,确保旱能灌涝能排。一般选择背风向阳、排灌方便的斜坡地或陡坡地建立梨园。坡地建园必须修筑梯地,采用等高线栽植果树,再修筑梯地或鱼鳞台。巍山县属季风气候区,具有干湿季分明特点,湿季在雨季开始后降水充沛,干季用水可采用喷滴灌等节水措施。

(2)合理安排灌溉,确保梨树稳产高产。巍山县冬春干旱和初夏干旱频繁,旱季可采用喷滴灌等措施。春季开花前和开花后要注意补水。夏季果实生长期要注意水分供给的均衡性,以防止出现裂果。此外,施肥期宜根据土壤墒情及降水情况,全年一般补灌3～4次,为经济林果增产创造条件。

(3)加强基础设施,加强水利工程建设。巍山红雪梨种植在山区或半山区的坡地或陡坡地,水资源短缺是制约红雪梨产业发展的重要因素。通过兴修引水沟渠、爱心水窖、中小型水库等配套基础设施建设,保障农业灌溉用水,确保红雪梨旱涝保收和稳产高产。

(4)人工影响天气,趋利避害缓解旱情。人工降水能增加空气湿度,降低森林火险等级,提高土壤墒情,缓解季节性旱情。巍山县季节性和区域性干旱频发,作业区域要抓住有利天气过程,适时开展人工增雨作业和地面防雹作业,对抗旱保收、防雹减灾、库塘蓄水和保护生态环境有积极作用。

7.3 巍山县暴雨灾害风险区划结果

(1)高风险区和次高风险区主要分布在永建镇南部、大仓镇、庙街镇、南诏镇和巍宝山乡北部的西河流域过境区域。其中,永建镇、大仓镇、巍宝山乡的部分区域,河床与河岸地势落差大,雨水冲刷和水土流失严重,适逢暴雨天气,易引发山洪灾害。例如大桥河、深沟河、甸中河、五道河以及西河沼岸等(图 7.2)。

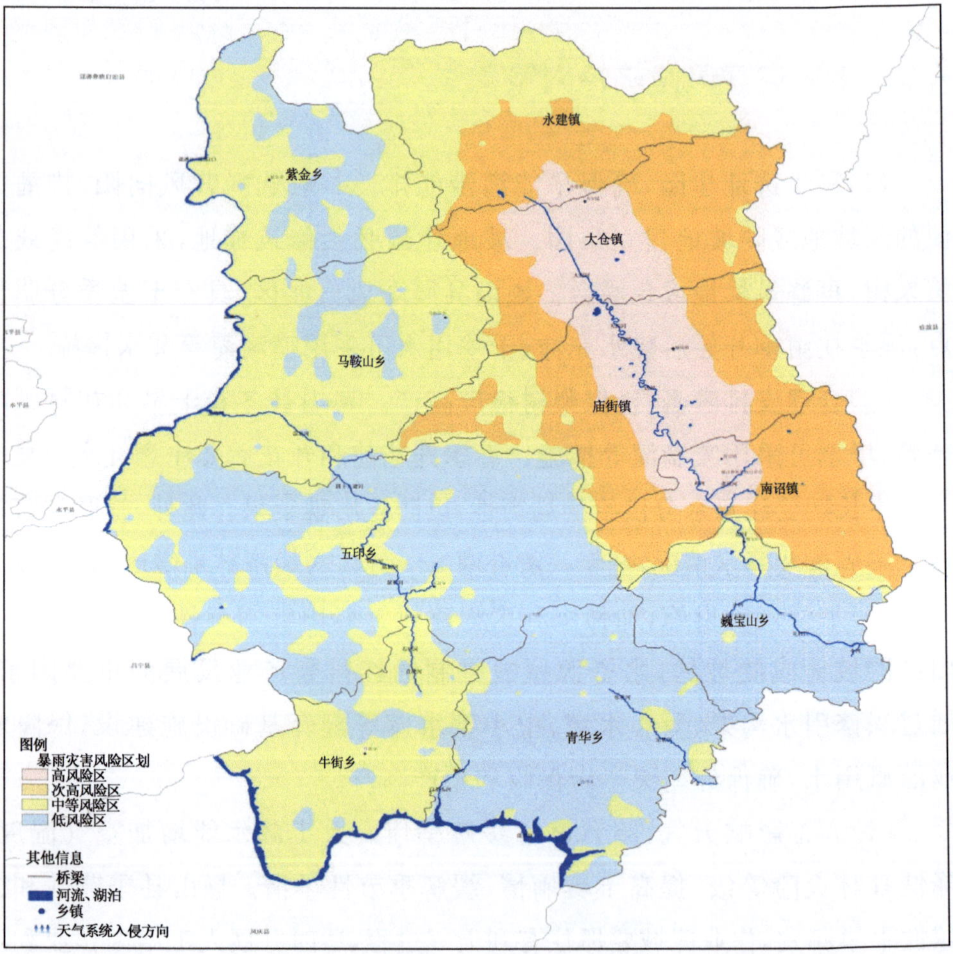

图 7.2 巍山县暴雨灾害风险区划

(2)中等风险区主要分布在永建镇北部和紫金乡、马鞍山乡和五印乡的中部区域及牛街乡。这些山区有一定的高度落差,但一般危害面积不大,多为单点性暴雨引发泥石流。如五印乡的鼠街河、石房河、狗街河等地区。

(3)低风险区主要分布在紫金乡、马鞍山乡和五印乡东西两侧、巍宝乡南部和青华乡。这些区域降水在县境内相对少,山区的地势高度落差不大,不易发生暴雨等自然灾害。

7.4　暴雨灾害风险防控对策建议

(1)坚持控制洪水向洪水管理转变的原则。通过规范河道周边居民活动,制止对河流两岸土地的侵占,广泛深入开展群测群防工作,改善生态与环境,保护水土资源。加强各部门应急联动机制,做好灾害性天气监测预警。根据巍山县西河流域现状,建设经济实用的基础设施,有利于西河流域水土保持。

(2)坚持非工程措施与工程措施相结合的原则。通过宣传防灾知识,提高群众防灾避灾意识和自防自救能力,重点保护对象根据实际情况采用必要的工程保护措施。防灾非工程措施包括:防灾知识宣传、监测通信及预警系统、防灾预案及救灾措施、搬迁避让、防灾管理等。

(3)坚持全面规划、统筹兼顾、标本兼治、综合治理的原则。根据防洪抗旱、水资源统一管理和城市建设等方面的需要,加强水利基础设施建设,检查城市和农村的排涝系统。完善防洪重点流域及防汛重点区域水位站、雨量站及抗旱重点地区的旱情监测站建设。

8 特色红雪梨优质丰产技术

8.1 园地规划

8.1.1 园地选择

科学选址建园是保证巍山红雪梨提质增效的重要基础。梨树受园田小气候影响较大，建园选择背风向阳的山区、半山区，坡度角小于 25°的缓坡地。土壤类型以富含有机质的壤土和砂土为主。丰产区土壤以微酸性为宜，PH 值介于 5.6～7.2 之间。中耕管理要求土壤疏松透气，方便排灌管理，周围无柏树。

8.1.2 园地垦辟

红雪梨树苗从落叶后至发芽前都可栽植，根据地形地貌特征确定梨树种植密度。定植前斜坡地或陡坡地应先修好梯地再栽；最好是先采用等高线栽植后，再修筑梯地或鱼鳞台。

(1)整地。定植时，按株行距挖好定植穴（塘），穴（塘）宽 80 cm，深 60 cm。开挖定植穴（塘）时需把表土和心土分开堆放，且不能把定植穴（塘）挖成上宽下窄的锅底形，规定穴（塘）上下宽度保持一致。穴（塘）挖好后，先放入 30～40 cm 作物秸秆或绿肥，并将表土填入踏紧，再施有机肥料 50～60 kg，或鸡粪 20 kg，并加普钙 1～2 kg 与土壤混合填入。

(2)栽植方式与密度。栽植时间为树苗落叶后至发芽前，即每年 11

月至次年 2 月。种植前需用锋利刀具将梨苗主根切断、粗根切除 2～3 cm,促进新根发生,除去嫁接口薄膜,以免影响主干生长。种植时嫁接口需露出地面 5～10 cm,压实根部土壤,培植半径 50 cm 树盘,高于地面 30 cm,立即浇透定根水,然后用细土、砂、绿肥或薄膜覆盖。根据地形地貌特征确定梨树种植密度,常规株行距 4 m×5 m,每亩 33 株;密植株行距 4 m×3 m,每亩 60 株。

8.2　红雪梨种植关键技术

8.2.1　梨树育苗

红雪梨树常用嫁接繁殖,操作简单,接后成活率较高。砧木一般采用本地川梨(棠梨)。嫁接方法分枝接和芽接两种,枝接较为常见。

(1)砧木培育。选择本地川梨(棠梨)作为砧木,选用种性纯正,丰产性好,抗逆性、抗病性强,且五年以上结果株为采穗母树的巍山红雪梨接穗。

(2)嫁接。嫁接方法分枝接和芽接两种,枝接较为常见。枝接一般在早春树液开始流动时进行,以惊蛰节前后 10 天为好,嫁接时把握好“快、平、净、齐、紧”五个要领,即嫁接操作时间短,速度要快;使砧木和接穗的切面光滑平整;保证接穗和砧木的切面清洁无污染;保证砧木和接穗的形成层对齐;保证包扎不漏气,可提高嫁接成活率。

(3)出圃。苗高 1 m 以上,直径 0.8 cm 以上时可出圃移栽,要求梨苗根系生长完好,无病虫害、无损伤,无失水现象。

8.2.2　配植授粉树

红雪梨异花授粉能提高坐果率,必须配植花期相同的授粉品种,可用富源黄梨、本地芒梨和火把梨作为授粉品种。主栽品种与授粉品种比例为8∶1或10∶1为宜。主栽品种与授粉品种有梅花式和隔行式两种配植方式,应用隔行式配植时,上风口方向配植授粉品种,保证红雪梨正常授粉。

8.2.3 改土施肥

土壤管理。土壤熟化是红雪梨增产技术中的基本措施。一般在秋季果实采收后进行深翻改土,基本方法有深翻扩穴和全园深翻两种。幼年果园每年深翻扩穴1～2次,成年果园每年全园深翻或隔行(株)深翻1～2次,深翻深度为30～40 cm为宜,果树深翻结合施用基肥。

水肥管理。基肥施用结合土壤深翻,以有机肥为主,混合少量氮、磷、钾肥。基肥标准一般按斤果斤肥计算,即单株结果100 kg至少需有机绿肥100 kg,混入2.0～2.5 kg磷肥,有利于提高产量和果实品质。除施用基肥外,生长期应适时追肥,一般每年施4次,第一次在萌芽前后,以氮肥为主,每株成年树施2.0～2.5 kg;第二次在花前花后,开花前后10～15 d施肥,以氮肥为主,占全年氮肥量的1/3,促进花器发育并提高坐果率;第三次在果实膨大,时间为6月下旬,以速效氮、钾肥为主,适当配施磷肥,施肥量略高于花期肥;第四次在果实成熟,采摘前20 d施肥,要求氮、磷、钾肥配合,提高梨树产量和果实品质。此间喷药施适量氮、磷、钾等叶片肥,例如硫酸二氢钾0.2%～0.4%。

其余时段按照具体情况进行施肥,施肥量根据当地的土壤条件和施肥特点确定。施肥方法采用沟施,挖放射状沟或在树冠外面挖环状沟,沟深15～20 cm。根外追肥可结合喷药施用,全年4～5次,生长前期2次,以氮肥为主;生长后期2～3次,以磷、钾肥为主。

8.2.4 水分管理

巍山红雪梨主产区对自然降水依赖比较多。气象干旱是制约红雪梨生长的主要因素。园田引水排灌直接影响梨树的生长和结果、提高果实品质及果树寿命。通过新建小水窖和喷滴灌等工程，发展节水灌溉缓解水热矛盾。施肥应根据土壤墒情及降水情况确定灌水，一般全年 3～4 次。巍山气候冬春旱象突出，土壤含水量低，春季开花前后施肥要结合灌水；夏季果实迅速膨大要保证水分供给平衡。土壤湿度低于 20%，应及时补水。土壤湿度高于 80%，应立即排水。

8.2.5　修枝整形

红雪梨的整形因栽培技术和地理条件不同而异，一般有主干疏散分层形和自然开心形。疏散分层形：定干高度为 80 cm，下端 50 cm 为主干，上端 30 cm 为整形带。第一层着生 3 个主枝，主枝相邻间的夹角为 120°，每个主枝着生 3 个侧枝；第二层着生 2 个主枝，每个主枝着生 2 个侧枝；第三层着生 1 个主枝，着生 1～2 个侧枝。第一、二层间距为 80～100 cm，第二、三层间距为 100～120 cm，整形后树高控制在 3～3.5 m。自然开心形：干高 40～50 cm，主枝 3～4 个，斜直向上生长，无中心干，在主枝上再向外分生副主枝，共 3～4 层。主枝腰角 70°，大量结果时达 80°，树高控制在 2～3 m。

红雪梨的萌芽成枝率都较低，幼树修枝应少疏、多留、多放。对初结果树要注意加强主侧枝的营养生长，以迅速扩大树冠，使之早日成树，同时注意培养结果枝组，促进辅养枝的生殖生长，使之多形成花芽，用以结果，以提早投产和提高产量。梨树大量结果后，要保证营养生长和生殖生长的平衡。对树势较旺的植株要控制旺长，多疏少截、去直立枝、留斜生枝，以果压树势，使其趋于中等树势。对树势较弱的植株，采用较重的修剪方法，中截强枝去弱枝；对部分中、短枝采取短截，疏去部分花芽，使结果枝为营养枝，增加营养枝的比例。对树势稳定的植株，对结果枝组进行修剪，使结果枝与营养枝比例适宜。

8.2.6　疏花疏果和保花保果

疏花：即疏花芽。当花芽量过多时，可结合冬季修剪，尽早疏去过多花芽，使花芽与叶芽比例为1∶1。

疏果：疏果应根据树势、树龄和气候而定。花量多、树势弱、坐果率高的早疏；花量少、树势旺、坐果率低的应迟疏或少疏。正常年份宜早疏，幼果长至豌豆大小可疏果，反之宜迟疏或少疏。疏果后叶、果比例在25∶1～30∶1，正常年份1个果台留1个果，中果枝留2～3个果，长果枝留3～5个果。一般在落果高峰后疏果，幼果间距为30～35 cm。

保花保果：对开花量较少的年份，应进行保花保果，采取加强土肥水管理、果园放蜂、在盛花期全树喷0.3%硼砂和0.3%尿素及0.5%白砂糖混合液等措施，提高坐果率。

8.2.7 果实套袋和采收

梨树的果实套袋能预防和减少果实病虫害的发生和危害，使果面光亮洁净，提高外观品质。套袋时间以盛花期后30～40 d为宜，果实采收前20 d除袋，以免影响果实着色。根据果实品质和市场需求适时人工采收，采收期一般在10—12月，采摘后用竹篮盛放果实。

8.2.8 梨园周围忌栽树种

梨树的主要病害梨锈病（赤星病）危害梨树的新梢、叶片和幼果，会导致果枝萎缩、果实变形、腐烂和落果。柏树是梨锈病菌的越冬场所，龙柏和桧柏表现较突出。每逢春暖时节，越冬的梨锈病菌会随风吹回到梨树上，继续繁衍和危害梨树。因此，梨园周围忌栽柏树。

8.3 红雪梨病虫害绿色防控技术

红雪梨的病虫害主要有梨小食心虫、梨木虱、蚜虫、蚧壳虫、梨茎蜂、黑星病、白粉病、轮纹病等。红雪梨的病虫害防治，遵循“以控制蛀果害虫为基础，减少化学农药使用量，确保巍山红雪梨的质量安全”的方针，保证基地的生态系统平衡和生物多样性，采取综合防治，以防为主，以治为辅，以农业、物理、生物防治为主，以化学药物防治为辅，达到绿色、环保、安全的目的。

(1)生态调控。通过林下养殖生态猪、土鸡或种植绿肥、中药材等，消灭落果果内幼虫和控制园内杂草生长，有效降低虫口基数。

(2)农业防治。实施绿色保健栽培管理，搞好果园的冬季清园，清除果园杂草和落果，把剪除的枝叶、落果和杂草集中处理。

(3)物理防治。利用害虫的趋光性和趋色性，安装太阳能频振式杀虫灯、黄蓝板诱杀梨树蛀果害虫。

(4)生物防治。选用性信息素防治害虫，在蛀果害虫发生的关键时期，应用性信息素诱杀，将诱捕器悬挂于离地面约 1.5 m 的树冠上，每亩挂 2 个，采用梅花式排列，诱杀蛀果害虫。

(5)化学防治。蛀果害虫成虫的羽化高峰期，选择高效、低毒、低残留农药，严格按安全间隔期用药和采收。

8.3.1 梨树“休眠期”

梨树处于休眠期，多数病虫减缓活动，许多病虫在残枝、叶、枝干上越冬。这个时期的重点防治对象为腐烂病和蚧壳虫，同时也需要注意食心虫、蚜虫、梨木虱、越冬蛹、轮纹病、黑星病等病虫害的发生。

8.3.1.1 腐烂病

(1)农业防治：①刮老翘皮：刮除主干、主枝等骨干枝上的粗老翘皮，并集中烧毁，消灭在树皮裂缝中越冬的害虫。②清除病部：彻底清除树上病枯枝及修剪下的树枝，彻底刮治腐烂病病斑，带出园外烧毁。③树干涂白：在树干上进行涂白，可以使树免受冻害，而且可以消灭越冬病虫，从而压低病虫基数。

(2)药剂防治：①在冬季修剪后春季萌动前，用 30%石硫·矿物油微乳剂 500～600 倍液喷雾，喷时要求细雾滴，树冠上下，内外喷雾周到。②

早春和晚秋及时刮除病斑，刮后涂药保护，防止各种伤口侵入，刮除后可以用多利维生·寡雄腐霉 2000 倍稀释液涂抹。③也可在即将发病或发病初期，喷施多利维生·寡雄腐霉（1×10^6 孢子/克）可湿性粉剂 1000 倍液等，每隔 7 天施药 1 次，共施用 3 次。

8.3.1.2 蚧壳虫

（1）农业防治：①刮老翘皮：老果园必须进行春季刮老翘皮的工作，消灭蚧壳虫的越冬虫卵。②捆绑瓦楞纸：刚进入结果期的幼树没有老翘皮，蚧壳虫会顺着树干爬到树下寻找合适的地方产卵越冬，因此在蚧壳虫越冬卵之前，对树干进行捆绑瓦楞纸或者草绳引诱雌虫产卵，等上冻之后解开束物集中销毁。③树干涂白：秋季对树干进行涂白、根颈培土可以消灭越冬的虫卵降低虫口密度。

（2）物理防治：刮除树干基部的老树皮，翘树皮，保证树干光滑；或者用泥巴把树皮的裂缝抹平整，保证涂胶可以紧贴树皮，虫口密度很高时，可以适当涂宽胶环或涂抹两个胶环。利用平头小铲将粘虫胶铲除，在主干或几个分枝上的树干处涂胶。绕树皮一周薄薄的涂一层宽为 5 cm 左右的胶环，可以有效阻止若虫上树。

（3）药剂防治：在冬季修剪后，春季萌动前，用 30%石硫·矿物油微乳剂 500～600 倍液喷雾，对病虫害发生严重的果园内，可用 250～300 倍液喷雾，喷雾时要求细喷雾，树冠上下，内外喷雾周到。

8.3.1.3 梨木虱

（1）农业防治：①清洁园田：早春刮除枝、干的粗翘皮，清除梨园内的枯枝、落叶及杂草等，集中烧毁，以消灭越冬成虫，减少虫口密度。②合理修剪：加强整枝修剪，剪去过密枝、细弱枝、病虫枝、重叠枝和部分受害花芽。③加强肥水管理：合理施用有机肥，保证氮、磷、钾及各种微量元素的平衡，维持树体良好的生长势，提高树势。④行间生草：可以在梨树行间间作黑麦草、三叶草等植物，可以有效降低园中梨木虱的发生量。

（2）物理防治：果实采收后（9 月中下旬，雨季过后），在距离地面约

40 cm的树干捆绑瓦楞纸诱虫带，于冬末（1 月中旬前）收集瓦楞纸，集中销毁。

（3）药剂防治：在梨木虱的关键防治时期，可采用苦参碱、藜芦碱进行防治，喷施 800 倍的 0.3%苦参碱水剂杀虫剂，或者喷施 0.5%藜芦碱可溶性液剂 800～1000 倍液。

（4）生物防治：释放天敌昆虫进行防治，如异色瓢虫、草蛉、小花蝽等天敌昆虫，释放数量和次数依据不同天敌昆虫、害虫发生情况进行调整。

8.3.2 梨树萌芽期

梨树开始萌芽生长。追肥灌水，上年秋季未施肥的果园，应在早春追肥，干旱时还应结合灌水进行。这个时期的重点防治对象仍是腐烂病和蚧壳虫，同时也应注意食心虫、梨木虱、黑星病等病虫害。

8.3.2.1 腐烂病

此时若仍有腐烂病发生，则按照 8.3.1.1 中的防治方法进行防治。

8.3.2.2 蚧壳虫

此时若有蚧壳虫发生，可按照 8.3.1.2 中的方法进行防治。

8.3.2.3 梨小食心虫

（1）农业防治：春季细致刮除树上的翘皮，可消灭越冬幼虫。

（2）物理防治：在成虫发生盛期，每间隔 20～30 m 悬挂糖醋液进行诱杀成虫，并及时清理虫体和添加糖醋液，从而保证良好的诱虫效果。

（3）生物防治：①性诱剂诱捕诱杀技术：利用梨小食心虫性诱剂及配套诱捕器对其成虫进行诱杀，降低交配几率，减少后代虫口密度。在成虫扬飞前（一般 3 月底 4 月初），将性诱剂及诱捕器棋盘式悬挂于果树阴面通风处的枝条上，悬挂高度距地面 1.5 m 高或约在树冠中下部，监测时每亩悬挂 1 套，即每隔 25 m 左右悬挂一套；当诱捕器内发现第一头成虫时，增大诱捕器的悬挂密度，每亩悬挂 3～5 套，即每隔 12～15 米悬挂一套。通常情况下，一个月左右更换一次诱芯。

②信息素迷向技术:成虫羽化前一周(监测诱捕器诱到第一头雄虫),将信息素迷向产品,悬挂于果树树冠中上处稍粗且通风较好的枝条上,每亩均匀悬挂,在坡度较高和主风方向边缘处加倍悬挂。

③天敌控害技术:释放天敌昆虫进行防治,如松毛虫赤眼蜂等。释放数量和次数依据不同天敌昆虫、害虫发生情况进行调整。常规放蜂量为每亩1～1.5万头,如危害严重,可加大放蜂量。每代放蜂4次,间隔期3～4天。也可逐株放蜂,每株放1000头,在晴朗天气的上午10时或下午4时左右,将卵卡用大头针别在树叶的背面,也可将卵卡折起挂在树枝下面。

(4)药剂防治:在发生初期,每亩采用苏云金杆菌(100亿个孢子/克)可湿性粉剂150～200克,兑水40～60千克;白僵菌(80亿个孢子/克)可湿性粉剂配成1亿个孢子/克喷雾。

8.3.2.4 黑星病

(1)农业防治:①摘除病部:黑星病初发期,病芽鳞片松散不落,很容易辨别,可及时摘除病芽梢。②加强栽培管理:合理施用有机肥,保证氮、磷、钾及各种微量元素的平衡,维持树体良好的生长势,提高树体抗病能力。

(2)药剂防治:进入4月后,黑星病处于病原菌的繁殖积累期,应及时喷施多利维生·寡雄腐霉(1×10^6孢子/克)可湿性粉剂1000倍液,可以有效杀灭病害,防止病害蔓延。

8.3.3 梨树开花期

梨树进入开花期,由于花粉、花蕊对很多药剂敏感,一般不适于喷洒化学农药,但这一时期是疏花、保花、定花、定果的重要时期,此期防治的重点对象是梨茎蜂、梨小食心虫。

8.3.3.1 梨茎蜂

(1)农业防治:冬季结合修剪,剪除被害枯枝,或用铁丝插入被害的二年生枝内,刺死幼虫或蛹,减少越冬虫源。4 月中旬至 5 月上旬从断口下 1～3 厘米处剪除被害嫩梢。

(2)物理防治:在梨树花期悬挂全降解黄板(25 cm×30 cm),一般悬挂在距离主干约 100 cm,高度为 1.5 m 的枝条上,方向为东北、西南,两个黄板的间距为 10 m。当黄板上粘满梨茎蜂时,当立即更换新的黄板,以保持良好的诱杀效果。

8.3.3.2 梨小食心虫

此时的梨小食心虫若发生严重,则按照上述 8.3.2.3 的方法进行防治。

8.3.4 梨树展叶至幼果期

梨花相继脱落,幼果开始生长,树叶也开始长大。消除虫果,摘除受食心虫为害的果,同时可以给果品进行套袋工作,避免病虫害对果实的伤害。5 月下旬应追施全年计划施用氮肥量的 1/3－2/3,5 月下旬开始,应喷施叶面肥。该生长期梨木虱第一代卵和若虫进入为害盛期,梨二叉蚜、梨小食心虫也进入为害盛期,梨白粉病、梨黑星病、轮纹病开始为害,同时是对蚧壳虫发生严重的果园进行防治的有利时期。

8.3.4.1 梨木虱

此期为梨木虱的关键防治期,可以按照 8.3.1.3 中的方法进行防治。

8.3.4.2 蚧壳虫

此时蚧壳虫若发生严重,可按照 8.3.1.2 中的方法进行防治。

8.3.4.3 梨二叉蚜

(1)物理防治:①黄板诱杀:在梨树萌芽期,即可开始悬挂全降解黄蓝板。每棵 2 片黄板(25 cm×30 cm),可以直接悬挂于叶片稀疏的枝条上。虫口密度高峰期可酌情增加粘虫板数量。当粘虫板上粘的害虫数量较多时,及时更换粘虫板。②喷施植物保护剂:植物保护剂可以物理阻隔多种害虫的危害，防治多种病原菌的传播。40 克植物保护剂兑 1000 克水进行喷施，每周喷施一次，或根据梨树生长状况有所调整。

(2)生物防治：释放天敌昆虫进行防治，如异色瓢虫、草蛉等。释放数量和次数依据不同天敌昆虫、害虫发生情况进行调整。如异色瓢虫，监测梨园发生蚜虫时，需根据蚜虫发生数量进行天敌释放，一般以异色瓢虫与蚜虫的比例为 1∶30－60 进行释放，间隔两周释放一次，共释放三次。(释放天敌前后，梨园内严格控制药剂使用。)

(3)药剂防治：在发生初期，可采用 0.3％苦参碱水剂 800～1000 倍液、0.5％藜芦碱可溶性液剂 800～1000 倍液、7.5％鱼藤酮水剂 500 倍液等进行防治。

8.3.4.4 梨小食心虫

此时的梨小食心虫若发生严重，则按照上述 8.3.2.3 的方法进行防治。

8.3.4.5 白粉病

(1)农业防治：①保持田园卫生：秋末冬初彻底清扫梨园中的落叶和落果，集中烧毁，并进行土壤深翻，清除和减少越冬菌源。②摘除病部：早春果树发芽时，及时摘除病芽、病梢。③加强栽培管理：合理施用有机肥，保证氮、磷、钾及各种微量元素的平衡，维持树体良好的生长势，提高树体抗病能力。

(2)药剂防治：①将喷施多利维生·寡雄腐霉(1×106 孢了/克)可湿性粉剂 1000 倍液叶面喷施，可以有效杀灭病害，防治病害蔓延。②喷施 600～800 倍 0.3％苦参碱乳油稀释液进行防治，不可与呈碱性的农药等物质混合使用，可与其他作用机制不同的杀菌剂轮换使用，以延缓抗性产生。

8.3.4.6 轮纹病

(1)农业防治：①保持田园卫生：秋末冬初彻底清扫梨园中的落叶和落果，集中烧毁，清除和减少越冬菌源。②加强栽培管理：轮纹病菌是一种弱寄生菌,在寄主生活力比较弱的情况下,才能引起严重发病,故在梨园丰产后,应加施有机肥,磷、钾肥,并减少氮肥的比例,以促使树势生长健壮,提高抗病力。③摘除病部:病叶、病梢、病果及时摘除,冬季及时刮除枝干病斑。④果品套袋:预防果实发病,可在幼果期将果实套袋,能够有效地预防轮纹病等多种病虫害。

(2)药剂防治:在即将发病或发病初期,喷施枯草芽孢杆菌 500～1000 倍液等,每隔 7 天施药 1 次,共施用 3 次。

8.3.4.7 黑星病

若此时黑星病发生严重,则按照 8.3.2.4 中的黑星病防治方法进行防治。

8.3.5 果实膨大期

6 月上中旬长枝基本停梢,此时是梨黑星病的爆发期,也是轮纹病的大发生期,故应密切注意病情预测预报,以防为主,防治结合。此期,梨木虱、梨小食心虫等害虫进入为害盛期,应注意调查与适时防治。同时通过夏剪,给果园创造良好的通风透光条件,提高树体的光合强度。

8.3.5.1 黑星病

若此时黑星病发生严重,则按照 8.3.2.4 黑星病防治方法进行防治。

8.3.5.2 轮纹病

若此时轮纹病发生严重,则按照 8.3.4.6 轮纹病防治方法进行防治。

8.3.5.3 梨木虱

若此时梨木虱发生严重,则按照 8.3.1.3 梨木虱防治方法进行防治。

8.3.5.4 梨小食心虫

若此时梨小食心虫发生严重,则按照 8.3.2.3 梨小食心虫防治方法进行防治。

8.3.6 果实成熟期

7月下旬以后，梨陆续进入成熟期，梨黑星病、轮纹病等开始侵染果实，该期高温、高湿、多雨是病害流行的有利时机，应加强防治。7月下旬至8月是梨小食心虫的发生盛期，应注意田间观察，适期防治。

8.3.6.1 黑星病

若此时黑星病发生严重，则按照8.3.2.4黑星病药剂防治方法进行防治。

8.3.6.2 轮纹病

若此时轮纹病发生严重，则按照8.3.4.6轮纹病防治方法进行防治。

8.3.6.3 梨小食心虫

若此时梨小食心虫发生严重，则按照8.3.2.3梨小食心虫防治方法进行防治。

8.3.6.4 柑橘小实蝇

此外，全程对柑橘小实蝇进行检测防治，可使用实蝇信息素版，瓜果实蝇诱粘剂、柑橘小实蝇性诱剂。

8.4 特色优质红雪梨品质特征

8.4.1 外在感官特征

巍山红雪梨成年果树高度在1.5 m以上，每年3月中旬到4月上旬开花，10月中旬至11月下旬成熟；果实可贮藏到翌年梨花盛开时节；果卵圆形，大小整齐，平均单果重150～250 g，表皮底色发黄，三分之二以上果面呈鲜红色，似胭脂红，色泽鲜艳，果肉白色。

8.4.2　内在品质指标

巍山红雪梨口感嫩脆，汁多、无渣、核小，酸甜适度，营养丰富，耐贮藏。可溶性固形物≥7.5%；硬度≥2.8 kg·f·cm^{-2}；总糖≥4.8%；可滴定酸≤3.0g /kg；总氨基酸≥1.8%；维生素 C≥2.0 mg/100g。根据果实大小、色泽和完整度分级。一级单果重 400～500 g；二级单果重 350～400 g；三级单果重 250～300 g。

主要参考文献

高新一,2001.果树嫁接新技术[M].北京:金盾出版社.

郭兆夏,朱琳,李星敏,等,2010.基于GIS技术的陕西砂梨气候区划[J].经济林研究,28(2):88-91.

郭兆夏,朱琳,李星敏,等,2010.基于GIS技术的陕西白梨气候区划[J].果树学报,27(5):698-702.

高桂华,彭丽萍,李文莲,2010.巍山县红雪梨产业现状及发展思路[J].现代农业科技,(2):169-170.

郭元海,2018.巍山县红雪梨产业现状及发展对策[J].财经农业经济,(1):7.

刘炳仁,2006.特种经济作物栽培新技术[M].北京:中国农业科学技术出版社.

刘洪章,赵和祥,2008.梨树栽培技术[M].长春:吉林科技出版社.

罗红伟,2009.巍山红雪梨栽培管理技术[J].中国园艺文摘,(5):110-111.

李莉,汪景彦,彭良志,等,2010.果树轻简栽培技术[M].北京:中国农业出版社.

李斌,江铭诺,龙步菊,2016.基于GIS技术的山西忻州精细化酥梨气候区划[J].科技与创新,(18):13-16.

刘志彤,2017.巍山县红雪梨产业与旅游休闲融合发展的思考[J].云南农业,(6):66-67.

罗兴会,杨正安,张沛周,等,2018.巍山县红雪梨产业现状及提质增效措施[J].农业与技术,38(11):103-104.

沈嘉斌,刘志彤,李城,等,2015.巍山县红雪梨产业现状及存在问题探讨[J].云南农业,(6):50-51.

王立新,王法格,王森,等,2013.50种经济林果丰产栽培技术[M].北京:中国农业出版社.

王少敏,2009.梨套袋栽培配套技术问答[M].北京:金盾出版社.

肖玉玲,李迎春,谢远玉,2005.基于GIS技术的贵溪市早熟梨种植气候区划[J].气象与减灾研究,28(3):30-31.

余东,刘星辉,2009.果树栽培农事月历[M].福州:福建科学技术出版社.

张兴旺,2000.果树轻简栽培技术[M].昆明:云南科技出版社.

张文炳,张浚如,李学林,等,1997.云南省红皮梨种质资源及利用[J].中国南方果树,26(5):38-39.

张沛周,2014.巍山县优质晚熟红雪梨产业现状及对策[J].农业经济学术,(24):302-303.